长距离输油管道超声波内检测技术

唐 建 著

石油工业出版社

内 容 提 要

本书针对长距离输油管道超声波内检测涉及的关键技术问题,系统地总结了多年的研究成果,介绍了输油管道基础理论、超声波检测的物理基础、内检测系统的研制与速度控制、回波信号的处理与离线分析软件的设计等内容。

本书可供输油管道运维及检测的工程技术人员阅读,也可供从事超声波管道内检测研究的高校师生及科研院所的工程技术人员参考。

图书在版编目(CIP)数据

长距离输油管道超声波内检测技术 / 唐建著 . —北京:石油工业出版社,2019.6
ISBN 978-7-5183-3482-7

Ⅰ. ①长… Ⅱ. ①唐… Ⅲ. ①输油管道–超声检测 Ⅳ. ①TE973

中国版本图书馆 CIP 数据核字(2019)第 134948 号

出版发行:石油工业出版社
　　　　　(北京安定门外安华里 2 区 1 号　100011)
　　　　　网　　址:www. petropub. com
　　　　　编辑部:(010)64243881　图书营销中心:(010)64523633
经　　销:全国新华书店
印　　刷:北京中石油彩色印刷有限责任公司

2019 年 6 月第 1 版　2019 年 6 月第 1 次印刷
787×1092 毫米　开本:1/16　印张:10.25
字数:230 千字

定价:80.00 元

前　言

　　管道作为大量输送石油、天然气等能源安全经济的运输手段在世界各地得到了广泛应用。目前，全球在役油气管道总里程超过 200 万千米，主要集中于北美、俄罗斯及中亚、欧洲、亚太地区。中国油气管道从 20 世纪 70 年代开始大规模建设，迄今为止，已经形成位居世界前列的网络规模，管道建设和运营管理开始向高质量发展转型。截至 2018 年底，中国境内建成油气长输管道累计达到 13.6 万千米，其中天然气管道约 7.9 万千米，原油管道约 2.9 万千米，成品油管道约 2.8 万千米。至此，西油东送、北油南运、西气东输、北气南下、海上登陆、就近供应、覆盖全国的油气管道供应格局已经形成。

　　然而，管道输送的介质大多具有毒性或腐蚀性，且易燃、易爆，一旦发生泄漏或断裂，将引起火灾、爆炸、中毒等灾难性事故。为保障在役管道的安全运行，延长使用寿命，应对其进行定期检测，以便及时发现问题，采取措施。为了规范管道检测工作，世界上很多国家均制定了有关法规和技术标准。在管道工业发达的美国，早在 1991 年就制定了《美国联邦管道安全法规》，规定要定期检查管道全线的腐蚀状况，同时陆续颁布了《确定腐蚀管道剩余强度手册》《输气和配气管道系统》《石油、无水氨及醇类液体管道输送系统》等很多国家标准。在日本，为预防灾害和保护环境，管道行业制定了如下法规和标准：石油管道事业法、石油联合企业防灾法、高压气体管理法、气体事业法、消防法、大气污染防治法等及其他各地区标准。中国油气长输管道总里程位列全球第 3 位，其中许多管道都存在严重的腐蚀，事故率比发达国家高很多倍。为此，国家制定了很多法律法规，如《石油天然气管道安全监督与管理条例》《关于开展油气输送管线等安全专项排查整治的紧急通知》《石油、天然气管道保护条例》等，规定新建管道必须在 1 年内完成检测，以后视管道安全状况每 1~3 年检测 1 次。

　　长距离输油管道是大口径、长距离、高压力的大型管道系统，超声波内检测是输油管道腐蚀内检测的重要方法之一。超声波内检测技术以其检测速度快、可靠、准确且不需要剥离管道外包层等优点成为长距离输油管道腐蚀检测的重要方法。国外管道超声波内检测技术已有几十年的发展历史，并形成了管道内检测系列产品，但国内在该方面的研究仍处于探索阶段。本书系统地介绍了长距离输油管道超声波内检测技术，共分 8 章。第 1 章概述输油管道基础理论；第 2 章介绍超声波检测的物理基础；第 3 章介绍 24 通道超声波内检测实验系统；第 4 章介绍内检测系统的速度控制技术；第 5 章介绍 A 扫描波形数据的形成原理及海量数据的实时压缩存储算法；第 6 章介绍 B 扫描壁厚数据的精确形成算法；第 7 章介绍 C 扫描图像的形成与后处理方法；第 8 章介绍为长距离输油管道超声波内检测系统研制的离线分析软件。

在本书编写过程中，参考了大量国内外专家、学者的研究成果，在此表示衷心的感谢！

由于长距离输油管道超声波内检测技术不断进步，同时笔者学识和写作水平有限，疏漏、不足甚至错误之处在所难免，敬请广大读者批评指正。

目　　录

第1章　输油管道基础理论 …………………………………………………（1）

1.1　管道 ………………………………………………………………………（1）

  1.1.1　管道的起源 …………………………………………………………（1）

  1.1.2　管道运输的优势 ……………………………………………………（2）

  1.1.3　管道的分类 …………………………………………………………（3）

1.2　输油管道 …………………………………………………………………（3）

  1.2.1　输油管道的管材与规格 ……………………………………………（3）

  1.2.2　管道的两个重要参数 ………………………………………………（4）

  1.2.3　连接与控制 …………………………………………………………（4）

  1.2.4　输油管道分类 ………………………………………………………（5）

1.3　长距离输油管道概述 ……………………………………………………（6）

  1.3.1　长距离输油管道系统组成 …………………………………………（6）

  1.3.2　长距离输油管道发展状况 …………………………………………（6）

  1.3.3　长距离输油管道发展趋势 …………………………………………（8）

1.4　输油管道腐蚀及其防护 …………………………………………………（9）

  1.4.1　输油管道腐蚀的分类与原因分析 …………………………………（9）

  1.4.2　管道腐蚀的危害 ……………………………………………………（12）

  1.4.3　输油管道腐蚀防护 …………………………………………………（13）

1.5　管道腐蚀检测技术 ………………………………………………………（15）

  1.5.1　漏磁内检测技术 ……………………………………………………（16）

  1.5.2　高频涡流内检测技术 ………………………………………………（17）

  1.5.3　惯性测绘内检测技术 ………………………………………………（18）

  1.5.4　超声内检测技术 ……………………………………………………（20）

参考文献 …………………………………………………………………………（23）

第2章　超声波检测的物理基础 ………………………………………………（25）

2.1　声波的本质 ………………………………………………………………（25）

  2.1.1　机械振动 ……………………………………………………………（25）

  2.1.2　机械波和声波 ………………………………………………………（26）

2.2　超声波 ……………………………………………………………………（27）

  2.2.1　超声波的分类 ………………………………………………………（27）

  2.2.2　超声波的传播速度 …………………………………………………（31）

　　　2.2.3　声压、声强和声阻抗 ……………………………………（33）
　　　2.2.4　声波幅度的分贝表示 ……………………………………（34）
　2.3　超声波的传播 ……………………………………………………（35）
　　　2.3.1　超声波的波动特性 ………………………………………（35）
　　　2.3.2　超声波垂直入射到异质界面时的反射和透射 …………（36）
　　　2.3.3　超声波的衰减 ……………………………………………（39）
　2.4　超声波的声场 ……………………………………………………（41）
　　　2.4.1　圆形声源辐射的连续纵波声场 …………………………（41）
　　　2.4.2　脉冲纵波声场 ……………………………………………（42）
　　　2.4.3　聚焦声源的声场 …………………………………………（43）
　参考文献 ………………………………………………………………（44）

第3章　长距离输油管道超声波内检测实验系统 ……………………（45）
　3.1　内检测系统研制进展 ……………………………………………（45）
　3.2　长距离输油管道超声波内检测实验系统总体设计 ……………（46）
　　　3.2.1　超声波内检测实验系统的要求 …………………………（46）
　　　3.2.2　超声波内检测实验系统的基本组成 ……………………（47）
　　　3.2.3　超声波内检测实验系统的主要技术指标 ………………（47）
　　　3.2.4　超声波内检测实验系统的工作原理 ……………………（47）
　3.3　超声检测子系统 …………………………………………………（48）
　　　3.3.1　超声探头 …………………………………………………（48）
　　　3.3.2　探头群支撑架 ……………………………………………（54）
　3.4　数据采集与压缩存储子系统 ……………………………………（54）
　　　3.4.1　超声波板卡介绍 …………………………………………（54）
　　　3.4.2　数据采集与压缩存储子系统工作原理 …………………（54）
　3.5　其他子系统 ………………………………………………………（58）
　参考文献 ………………………………………………………………（58）

第4章　长距离输油管道超声波内检测系统速度控制技术 …………（59）
　4.1　内检测系统速度控制研究进展 …………………………………（59）
　4.2　计算流体动力学理论基础 ………………………………………（60）
　　　4.2.1　CFD 求解过程 ……………………………………………（60）
　　　4.2.2　流体动力学控制方程 ……………………………………（61）
　　　4.2.3　湍流模型 …………………………………………………（61）
　4.3　基于 GAMBIT 的几何建模 ………………………………………（62）
　　　4.3.1　泄流孔模型构造 …………………………………………（62）
　　　4.3.2　GAMBIT 建模 ……………………………………………（63）
　4.4　管道内检测系统流场计算仿真 …………………………………（66）
　　　4.4.1　FLUENT 简介 ……………………………………………（66）
　　　4.4.2　流场计算步骤 ……………………………………………（66）
　　　4.4.3　流场仿真结果及分析 ……………………………………（71）

参考文献 ……………………………………………………………………………（73）

第5章 A扫描海量数据的实时存储 ………………………………………（75）

5.1 A扫描波形数据量与存储实时性分析 …………………………………（75）

5.1.1 数据量分析 …………………………………………………………（75）

5.1.2 数据实时存储分析 …………………………………………………（76）

5.2 管道超声检测数据压缩技术概述 ………………………………………（77）

5.3 A扫描波形数据的形成 …………………………………………………（78）

5.4 基于峰值点提取的A扫描波形数据压缩 ………………………………（79）

5.4.1 压缩算法的提出 ……………………………………………………（79）

5.4.2 算法实现 ……………………………………………………………（79）

5.4.3 有效性验证 …………………………………………………………（81）

5.5 基于阈值分割的A扫描波形数据压缩 …………………………………（85）

5.5.1 压缩算法的提出 ……………………………………………………（85）

5.5.2 算法实现 ……………………………………………………………（85）

5.5.3 有效性验证 …………………………………………………………（87）

5.6 基于峰值点提取与阈值分割相结合的A扫描波形数据压缩 …………（88）

5.6.1 压缩算法的提出 ……………………………………………………（88）

5.6.2 算法实现 ……………………………………………………………（88）

5.6.3 有效性验证 …………………………………………………………（90）

5.6.4 阈值的选取 …………………………………………………………（91）

参考文献 ……………………………………………………………………………（93）

第6章 B扫描壁厚数据的精确形成 ………………………………………（94）

6.1 B扫描壁厚数据形成方法研究进展 ……………………………………（94）

6.2 A扫描波形数据特性分析 ………………………………………………（96）

6.3 高阶统计量 ………………………………………………………………（97）

6.3.1 高阶矩与高阶累积量 ………………………………………………（97）

6.3.2 高阶矩谱与高阶累积量谱 …………………………………………（100）

6.4 双谱 ………………………………………………………………………（100）

6.4.1 双谱的主要性质 ……………………………………………………（100）

6.4.2 双谱估计算法 ………………………………………………………（101）

6.4.3 仿真验证 ……………………………………………………………（102）

6.5 $1\frac{1}{2}$维谱 ………………………………………………………（102）

6.5.1 算法基本思想 ………………………………………………………（102）

6.5.2 与FFT频谱比较 ……………………………………………………（103）

6.5.3 基于$1\frac{1}{2}$维谱估计的壁厚数据自动形成 …………………（104）

6.5.4 基于二次$1\frac{1}{2}$维谱估计的壁厚数据自动形成 ……………（109）

6.5.5 基于二次 $1\frac{1}{2}$ 维谱估计改进算法的壁厚数据自动形成 ……………… (111)

6.6 连续扫查验证 ………………………………………………………… (115)
 6.6.1 实验试块多点连续扫查 ……………………………………… (115)
 6.6.2 标准样管(实际管道)多点连续扫查 ………………………… (119)
参考文献 ……………………………………………………………… (121)

第7章 C扫描图像缺陷识别与后处理 ………………………………… (123)
7.1 C扫描图像形成方法 ………………………………………………… (123)
7.2 C扫描图像缺陷识别 ………………………………………………… (124)
 7.2.1 实验试块C扫描 ……………………………………………… (124)
 7.2.2 标准样管(实际管道)C扫描 ………………………………… (126)
7.3 C扫描图像后处理 …………………………………………………… (127)
 7.3.1 C扫描图像后处理研究进展 ………………………………… (127)
 7.3.2 标准样管C扫描图像后处理 ………………………………… (129)
参考文献 ……………………………………………………………… (131)

第8章 长距离输油管道超声波内检测系统离线分析软件 …………… (132)
8.1 总体设计 ……………………………………………………………… (132)
 8.1.1 设计目标 ……………………………………………………… (132)
 8.1.2 需求分析 ……………………………………………………… (133)
 8.1.3 开发工具 ……………………………………………………… (133)
 8.1.4 功能结构图 …………………………………………………… (134)
8.2 功能模块 ……………………………………………………………… (134)
 8.2.1 打开文件模块 ………………………………………………… (136)
 8.2.2 读取数据模块 ………………………………………………… (137)
 8.2.3 厚度范围设置模块 …………………………………………… (137)
 8.2.4 数据转换模块 ………………………………………………… (138)
 8.2.5 图形绘制模块 ………………………………………………… (142)
 8.2.6 扫描控制模块 ………………………………………………… (144)
 8.2.7 参数显示模块 ………………………………………………… (144)
 8.2.8 图形重绘模块 ………………………………………………… (144)
 8.2.9 定位模块 ……………………………………………………… (145)
8.3 软件界面设计及功能实现 …………………………………………… (146)
 8.3.1 界面设计 ……………………………………………………… (146)
 8.3.2 功能实现 ……………………………………………………… (146)
参考文献 ……………………………………………………………… (154)

第 1 章 输油管道基础理论

输油管道主要是指输送原油或成品油的管道。本章从管道的起源、运输优势及分类出发，介绍了输油管道的管材与规格、连接与控制等基础知识，进而引出长距离输油管道的系统组成、发展状况及趋势、腐蚀的分类、腐蚀产生的原因与危害、腐蚀保护方法，最后介绍了目前国内外广泛采用的 4 种管道内检测技术，分别为漏磁内检测技术、高频涡流内检测技术、惯性测绘内检测技术和超声内检测技术。

1.1 管道

管道是用管子、管子连接件和阀门等连接成的用于输送气体、液体或带固体颗粒的流体的装置。通常，流体经鼓风机、压缩机、泵和锅炉等增压后，从管道的高压处流向低压处，也可利用流体自身的压力或重力进行流体输送。

1.1.1 管道的起源

管道的出现起源于持续供应饮用水的需求。虽然早期的居民点是沿河流、淡水湖和天然井建立起来的，然而人口的增长使居民点的分布越来越广，距离也越来越远，因此必须通过沟渠向偏远的居民点供水并利用重力将水输送到需要的地点。

最早的复杂输水系统是腓尼基人开发的，他们在坚固的岩石上打孔形成隧道，并建造成石制水渠来输送足够的水供给他们的城市。历史记载的最古老的管道是一种起源于这个时期的陶土管道，发现于美索不达米亚的 Nippur 地区。据《圣经》记载，Hezekiah 国王下令修建一条穿过坚固石灰石的隧道为耶路撒冷地区供水，并将输送来的水存储在城墙内一个巨大的储水池内[1]。

公元 100 年，有 9 条水道向罗马供水，总长达 560km，其中 480km 埋设在地下。供水系统的供水能力估计为 $40 \times 10^4 \mathrm{m}^3/\mathrm{d}$，这是最早的管道与能源供应的结合。当时供应的水还能作为他用，如为粮仓中的水车提供动力。古罗马水道的材料是从火山岩上获得的火山灰形成的天然水泥，非常耐用，在现在的管道建设中还可以使用这样的材料（图 1.1）。

图 1.1 古罗马水道

1.1.2 管道运输的优势

管道运输在当前世界范围内发展迅速。在石油天然气工业中，原油、成品油、天然气及常温状态下为流体的各类化工产品的运输主要都是依靠管道运输方式来实现的。利用管道把石油及其产品和各种气体从产地输送到炼厂或用户所在地已逐渐成为最安全、最经济和对环境危害最小的运输方式。从经济角度考虑，在五大运输方式(铁路运输、公路运输、水路运输、航空运输以及管道运输)中，虽然水路运输最经济，但它受到地理条件等自然环境的制约以及人为因素的干扰；公路运输虽然较为灵活，但因其运输量小且运费高，一般用于少量且短途的区域运输；若采用铁路运输方式，则成本较高，对大量的油气运输而言不够经济，管道输送等量的石油产品，其费用不及铁路运输的一半，且还不包括油罐车空载返程等额外费用；航空运输是最为快捷的运输方式，但是昂贵的运输价格使其只有在特殊情况下偶尔被采用[2]。

在五大运输方式中，对石油及天然气行业而言，管道运输是最佳选择，主要优点[3]可概括如下：

(1) 运量大。

一条输油管线可以源源不断地完成输送任务。根据管径的大小不同，输油管线每年的运输量可达数百万吨到数千万吨，甚至超过亿吨。

(2) 占地少。

运输管道通常埋于地下，占用的土地很少。运输系统的建设实践证明，运输管道埋藏于地下的部分占管道总长度的95%以上，因而对于土地的永久性占用很少，分别仅为公路的3%、铁路的10%左右。在交通运输规划系统中，优先考虑管道运输方案，对于节约土地资源意义重大。

(3) 建设周期短，费用低。

国内外交通运输系统建设的大量实践证明，管道运输系统的建设周期与相同运量的铁路建设周期相比，一般来说要短1/3以上。历史上，中国建设大庆至秦皇岛全长1152km的输油管道，仅用了23个月的时间，而若要建设一条同样运输量的铁路，至少需要3年时间；新疆至上海市全长4200km的天然气运输管道，预期建设周期不会超过2年，但是如果新建同样运量的铁路专线，建设周期在3年以上，特别是在地质地貌条件和气候条件相对较差的环境下，大规模修建铁路的难度将更大，周期将更长。统计资料表明，管道建设费用比铁路低60%左右。

(4) 安全可靠，连续性强。

由于石油天然气易燃、易爆、易挥发、易泄漏，采用管道运输方式既安全，又可以大大减少挥发损耗，同时由于泄漏导致的对空气、水和土壤的污染也可大大减少，也就是说，管道运输能较好地满足运输工程的绿色化要求。此外，由于管道基本埋藏于地下，恶劣多变的气候条件对运输过程的影响小，可以确保运输系统长期稳定地运行。

(5) 能耗少，成本低。

发达国家采用管道运输石油，每吨千米的能耗不足铁路的1/7，在大量运输时的运输成本与水运接近。因此在无水条件下，采用管道运输是一种最为节能的运输方式。管道运输是一种连续工程，运输系统不存在空载行程，因而系统的运输效率高。理论分析和实践经验已证明，管道口径越大，运输距离越远，运输量越大，运输成本就越低。

1.1.3 管道的分类

根据管道构成的材质，管道输送介质的压力、温度、性质等，管道可以分为不同的类型。

(1) 按照管道构成的材质分类。

按照构成材质的不同，管道可分为非金属管道和金属管道。常用的非金属管道包括PVC(聚氯乙烯树脂)管、PP-R(无规共聚聚丙烯)管、HDPE(高密度聚乙烯)管等。常用的金属管道包括钢管、镀锌管、铸铁管等。

(2) 按照管输介质的压力分类。

按照输送介质的压力，管道可分为低压管道(管道介质设计压力为 $0<p\leqslant1.6\text{MPa}$)、中压管道(管道介质设计压力为 $1.6\text{MPa}<p\leqslant10\text{MPa}$)、高压管道(管道介质设计压力为 $10\text{MPa}<p\leqslant42\text{MPa}$)。

(3) 按照管输介质的温度分类。

按照输送介质的温度，管道可分为低温管道(介质温度不高于-40℃)、常温管道(介质温度高于-40℃而不高于120℃)、中温管道(介质温度高于120℃而不高于450℃)、高温管道(介质温度高于450℃)。

(4) 按照管输介质的性质分类。

按照输送介质的性质，管道可分为输油管道、输气管道、油气混输管道等。

1.2 输油管道

输油管道由油管及其附件组成，并按照工艺流程的需要，配备相应的油泵机组，设计安装成一个完整的管道系统，用于完成油料接卸及输转任务。

1.2.1 输油管道的管材与规格

(1) 管材。

输油管道所用的管材主要为碳素钢管。碳素钢管按制造工艺不同可分为无缝钢管和焊接钢管。其中，无缝钢管又分为热轧和冷拔(冷拔加工会引起材料硬化，因此还需要依据管材的具体用途进行相应的热处理)两种，具有强度高、规格多等特点，因此适用于腐蚀性较强的油品或者高温条件下的输送。焊接钢管可分为直焊缝钢管和螺旋焊缝钢管两种。

普通碳素钢管主要采用沸腾钢制造，温度适用范围为 0~300℃，低温时容易脆化，因此主要适用于常温管线。而优质碳素钢管采用16Mn钢，温度适用范围为-40~475℃。

(2) 规格。

钢管的外直径一般用大写字母 D 表示，其后附加外直径的数值，如外直径为400mm的钢管用 $D400$ 表示；钢管的内直径用小写字母 d 表示，其后附加内直径的数值，如内直径为300mm的钢管表示为 $d300$。钢管的规格一般用"ϕ外直径×壁厚"表示，如外直径为400mm、壁厚为 6mm 的管道表示为 $\phi400mm \times 6mm$。

1.2.2　管道的两个重要参数

（1）公称直径。

公称直径是为方便管道的设计、建设与检修所规定的一个标准直径。

一般而言，公称直径与管道的实际内径或外径都不相等，而是一个与内径较接近的整数值。公称直径用符号"DN"表征，其后附加具体的数值。例如，公称直径为 600mm 的输油管道表示为 DN600。公称直径也常常使用寸（in）作为单位，1in = 25.4mm。为方便转换，操作上一般取"1in ≈ 25mm"，输油管道 DN600 就可以称为 24in 管道。

（2）压力参数。

管道的压力参数有公称压力、试验压力和工作压力三项。

公称压力是为了设计、制造和使用方便，而人为规定的一种名义压力。这种名义上的压力的含义实际是压强，压力则是中文的俗称。压力参数表示为 PN，如公称压力为 1.6MPa 的管道，记为 PN1.6MPa。公称压力还可用千帕（kPa）和帕（Pa）作为量纲，换算关系如下：1MPa = 1000kPa = 1000000Pa。试验压力是对管道的强度和抗压性能进行测试所使用的压力，用 p_s 标记。为了保证管道的使用安全，试验压力要求高于公称压力，钢管的试验压力一般为公称压力的 1.5 倍。工作压力是指管道在实际应用中所承受的压力，当所输送物料的温度不超过 200℃ 时，工作压力就是公称压力；当温度超过 200℃ 时，工作压力应相应低于公称压力。

1.2.3　连接与控制

（1）连接和法兰。

输油管道须使用一定的连接方式才能构成一个完整的系统。管道的连接方式主要有螺纹、焊接和法兰连接三类。压力不高、管径不大的管路可以采用螺纹的方式连接，此种连接方法较为方便。但由于多数主干输油管线管径一般都较大，因此多采用其他两种连接方式。公称直径不小于 50mm 的管路基本采用焊接的方法连接，焊接具有施工方便、坚固、严密和节约钢材等优点，一般直管或者弯路上不需要拆卸的部位都可采用。管道和阀门或者其他设备（如泵）连接处以及管道需要拆卸的地方都采用法兰连接。为保证法兰连接处的严密性，在法兰两侧均需使用相对质软的法兰垫圈进行辅助。依据制作工艺，法兰主要可分为平焊、螺纹、对焊、松套和盲板等几种类型，除盲板法兰之外均用于管路之间互相连接。若需要连接不同直径的管路，也可采用两头直径相对应的变径法兰。盲板法兰用于管路顶头一端的封闭，因此需设计其能承受较大的弯曲应力[4]。

（2）阀门与控制。

阀门是用于开启、关闭或者控制管道内介质流动的机械装置。阀门的种类繁多，分类方法也有多种。按照用途划分，阀门可分为关断阀、止回阀、调节阀等；按照压力划分，阀门可分为真空阀（工作压力小于标准大气压）、低压阀（PN ≤ 1.6MPa）、中压阀（2.5MPa ≤ PN ≤ 6.4MPa）、高压阀（10MPa ≤ PN ≤ 80MPa）和超高压阀（PN ≥ 100MPa）；按照驱动方式划分，阀门可分为手动阀、动力驱动阀和自动阀。此外，还可按照温度或者材料等对阀门进行划分。

　　常见的关断阀有闸阀、截止阀、球阀和蝶阀等。闸阀可分为明杆和暗杆、单闸板与双闸板、楔形闸板与平行闸板等；闸阀的阀底座和阀板平等，阀板通过手轮随阀杆垂直上下运动，以此切断或开通管道；闸阀关闭严密性不好，大直径闸阀开启困难；沿水流方向阀体尺寸小，流动阻力小，闸阀公称直径跨度大。截止阀按照介质流向分为直通式、直角式和直流式三种，有明杆和暗杆之分；截止阀的阀芯垂直落于底座上，阀座与管路中心线平行，流体在阀体内呈"S"形态流动，流体阻力较大，因此截止阀一般用于流量调节；截止阀的关闭严密性较闸阀好，阀体长，最大公称直径为200mm。球阀的阀芯为开孔的圆球；扳动阀杆使球体开孔正对管道轴线时为全开，旋转90°为全闭；球阀有一定的调节性能，关闭较严密。蝶阀的阀芯为圆形阀板，它可沿垂直管道轴线的立轴转动；当阀板平面与管子轴线一致时，为全开；当闸板平面与管子轴线垂直时，为全闭；蝶阀阀体长度小，流动阻力小，比闸阀和截止阀价格高[5]。

1.2.4　输油管道分类

　　(1) 按照输送的油品，输油管道可分为以下两类：

　　① 原油输油管道。

　　原油输油管道主要是指输送原油产品的管道。原油输油管道将油田生产的原油输送至炼厂、港口或铁路转运站，具有管径大、输量大、运输距离长、分输点少的特点，其与成品油管道是有区别的。如今在中国运行的主要原油输油管道是中俄原油输油管道和中亚原油输油管道。

　　② 成品油输油管道。

　　成品油输油管道是指长距离输送成品油的管道。成品油输油管道从炼厂将各种油品送至油库或转运站，具有输送品种多、批量多、分输点多的特点，多采用顺序输送[6]。如今中国有多条成品油输油管道在运营中或在建中，主要有兰成渝成品油输油管道、兰郑长成品油输油管道以及港枣成品油输油管道等。

　　(2) 按照输送的距离，输油管道可分为以下两类：

　　① 企业内部输油管道。

　　企业内部输油管道主要是指油田内部连接油井与计量站、联合站的集输管道，炼厂及油库内部的管道等，其长度一般较短，不是独立的经营系统。

　　② 长距离输油管道。

　　长距离输油管道主要是指长距离输送原油或成品油的管道(图1.2)。输送距离可达数百千米到数千千米，单管年输油量在数百万吨到数千万吨，个别可达1亿吨，管径多在200mm以上。长距离输油管道的起点与终点分别与油田、炼厂等其他石油企业相连[7]。

图1.2　长距离输油管道

1.3 长距离输油管道概述

1.3.1 长距离输油管道系统组成

长距离输油管道由输油站和管道线路两大部分组成[6]。

（1）输油站。

输油站包括首站、末站、中间泵站及加热站等。长距离输油管道的起点是一个输油站，通常称为首站。油品或原油在首站被收集，经过计量后，再由首站提供动力向下游管线输送。首站一般布设有储油罐、输油泵和油品计量装置，若所输油品因黏度高需要加热，则还设有加热系统。输油泵提供动力使得油品可以沿管线向终点或下一级输油站运动。一般情况下，由于距离长，油品在运输过程中的能量损失明显，需要多级输油站提供动力，直至将油品输送至终点。终点的输油站通常称为末站，主要负责收集上游管线输送而来的物料，因此也多配有储罐和计量系统。

（2）管道线路。

管道线路部分主要由以下设备组成：管道本身主体；沿线的阀门及其控制系统；为巡线、维修而建的沿线简易公路；经过河流、峡谷、海底等自然障碍时的穿跨越工程；为防止管道腐蚀而设的阴极保护装置以及工作人员的住所等。输油企业大多还有一套联系全线的独立的通信系统，包括通信线路和中继站。管道本体由钢管焊接而成，管外包裹有绝缘层物质以防止土壤中的腐蚀性化学成分对管道本体造成侵蚀，管内还可喷涂防腐材料以减少输送的油品本身对管线的腐蚀和提高管线的光滑度以加大运输量。每隔一定的距离或跨越大型障碍物时，管线都设有阀门，用以发生事故时阻断物料，防止事故的扩大及方便设备的维修。通信系统是用于输油管道输转调度的重要指挥工具。随着通信卫星和自动化技术的发展，相关技术已经大量运用于油品的管道输送中。

1.3.2 长距离输油管道发展状况

现代管道运输始于19世纪中叶。1865年，萨谬尔·凡·赛克尔在美国宾夕法尼亚州泰特期绍尔油田内铺设了世界上第一条输油管道，管道直径为50mm，全长仅8km[8]。20世纪初管道运输才有了进一步发展，但真正具有现代规模的长距离输油管道的建设则始于第二次世界大战。美国由于战争需要，建设了两条当时管径最大、距离最长的输油管道：一条是原油管道，管径为600mm，全长2158km，日输原油47700m³；另一条是成品油管道，管径为500mm，总长（包括支线）2745km，日输成品油37360m³。

1.3.2.1 国外著名长距离输油管道[9]

（1）原苏联"友谊"输油管道。

该输油管道是世界上距离最长、管径最大的原油管道。从原苏联阿尔梅季耶夫斯克到达莫济里后分为北线、南线两线，北线进入波兰和原民主德国，南线通向捷克共和国和匈牙利。北线、南线长度各为4412km和5500km，管径分别为1220mm、1020mm、820mm、720mm、529mm与426mm，年输原油超过1×10^8t。管道工作压力为4.9～6.28MPa。全线密闭输送，泵站采用自动化与遥控管理。管道分两期建设，一期工程于 1964 年建成，二期工程于 1973 年完成。

(2) 美国阿拉斯加原油管道。

该管道从美国阿拉斯加州北部的普拉德霍湾起纵贯阿拉斯加州，通往该州南部的瓦尔迪兹港，是世界上第一条伸入北极圈的输油管道。管道全长 1287km，管径 1220mm，工作压力 8.23MPa，设计输油能力 $1×10^8$ t/a。全线有 12 座泵站和 1 座末站，第一期工程建成 8 座泵站，采用燃气轮机带离心泵。全线集中控制，有比较完善的抗地震和管道保护措施。管道于 1977 年建成投产。

(3) 沙特阿拉伯东—西原油管道。

管道起自靠近东海岸的阿卜凯克，终于西海岸港口城市延布，横贯沙特阿拉伯中部地区，穿过了浩瀚的沙漠。管道全长 1202km，管径 1220mm，工作压力 5.88MPa，年输油 $1.37×10^8$ m^3。全线 11 座泵站，使用燃气轮机带离心泵。管道全线集中控制，全部工程于 1983 年完成。

(4) 美国西—东原油管道。

管道从西部圣巴巴拉到休斯敦。管道全长 2731km，管径 762mm，日输油 47700m^3。该管道加热输送高黏度原油，是世界上最长的热输管道。全线共有 21 座泵站及加热站，其中 6 座用燃气轮机带离心泵，其余泵站用电动机带离心泵。管道于 1988 年建成。

(5) 英国海洋原油管道。

从 1970 年开始，随着北海油田(福蒂斯大油田、布伦特大油田、妮妮安大油田、派帕油田等)的开发，英国兴建了一批海洋原油管道，最长的已达 358km，在深 100 多米的海底铺设。

(6) 美国科洛尼尔成品油管道系统。

该管道系统由墨西哥湾的休斯敦至新泽西州的林登，是世界上大型成品油管道系统的典型代表之一。干管管径为 1020mm、920mm、820mm、750mm。截至 1979 年，干线总长 4613km，干线与支线的总长为 8413km，沿途多处收油和分油(有 10 个供油点和 281 个出油点)，采用密闭和顺序输送方式，主要输送汽油、柴油、2 号燃料油等 100 多个品级和牌号的油品，全系统的输油能力为 $1.4×10^8$ t/a。

这些管道的建设成功，标志着管道已经可以通过极为复杂的地质、地理条件和气候恶劣的地区。据不完全统计，到 1980 年底，国外大型长距离输油管道的总长度已超过 $1.85×10^6$ km，每年递增 $(4\sim5)×10^4$ km。

1.3.2.2 中国长距离输油管道

中国是最早使用管子输送流体的国家。但是直到新中国成立，全国没有建设一条长距离输油管道。1958 年建成的克拉玛依—独山子输油管道，全长 147km，管径 150mm，是中国第一条长距离原油管道。

20 世纪 60 年代后，随着大庆油田、胜利油田、华北油田、中原油田等的开发，兴建了贯穿东北地区、华北地区和华东地区的原油管道网，总长约 5000km。东北地区的八三输油干线有大庆—铁岭(复线)、铁岭—大连、铁岭—秦皇岛等 4 条，管径约为 720mm，总长 2181km，形成了从大庆到秦皇岛和从大庆到大连的两大输油动脉，输油能力为 $4×10^7$ t/a。

其他地区的输油干线主要如下：秦皇岛—北京原油管道，管径 529mm，长 344km；任丘—北京原油管道，管径 529mm，长 120km；东营—黄岛原油管道，管径 529mm，长 250km；任丘—临邑—仪征原油管道，管径 529mm、720mm，长 882km。这些管道把中国主要油田与东北、华北地区大炼油厂及大连、秦皇岛、黄岛、仪征等主要港口连成一体，形成中国东部地区的输油管网，满足了东部地区原油运输及出口要求。

此外，在中国的河南、湖北、陕甘宁、青海和新疆等地区也铺设了一些原油管道[10]。建于世界屋脊青藏高原上，穿过永久冻土带等地质条件极为复杂地区的格尔木—拉萨成品油管道，全长 1080km，管径 150mm，输送汽油和柴油，是中国最长的一条顺序输送管道。兰成渝输油管线从西北重镇兰州出发，全长 1247km，其中兰州—成都段全长 880km，其中有 60%的地段是山区；该管线是国家向大西南提供成品油的一条生命线工程，也是当时管线长度最长、沿线地质条件最复杂、落差最大、建设规模最为庞大的成品油管道建设工程[11]。

1.3.3 长距离输油管道发展趋势

从世界范围看，长距离输油管道的发展趋势有以下特点：

（1）建设大口径、高压力的大型输油管道。

当其他条件基本相同时，随着管径增大，输油成本降低。在油气资源丰富、油源有保证的前提下，建设大口径管道的效益更好[12]。国外目前输油管道的最大管径为 1220mm，中国现有原油管道的最大管径为 720mm。

提高管道工作压力，可以增加运输量、增大泵站间距、减少泵站数，使投资减少、输油成本降低。美国阿拉斯加原油管道的最大工作压力为 8.2MPa。

（2）采用高强度、韧性及可焊性良好的管材。

随着输油管道向大口径、高压力方向发展，对管材的要求也日益提高。为了减少管材的消耗量，要求提高其强度；为了防止断裂事故、保证管道焊接质量，要求管材有良好的韧性及可焊性。目前油气管道多采用 API 标准划分等级的 X56 号、X60 号、X65 号钢。20 世纪 70 年代以来推出的 X70 号钢，其规定屈服限最小为 482MPa，具有较好的强度、韧性、可焊性等综合质量指标，可在低温条件下使用。这种管材制造的钢管已在某些国外油气管道上使用。

（3）高度自动化。

采用计算机监控与数据采集系统对全线进行管理。管理水平较高的管道已达到站场无人值守、全线集中控制的程度[13]。

（4）重视管道建设的前期工作。

随着管径不同，输油管道有其经济输量范围，过高或过低的输量均使输油成本上升。大型输油管道要在较长时期内保持在其经济输量范围内才有显著的经济效益。这将由油源情况、市场需求决定。因此，输油管道建设之前，对是否要建设及建多大口径管道等问题需要认真研究，许多国家在油田开始勘探时，就将 2%左右的勘探费用于管道建设可行性研究，包括调研油田生产能力、原油性质、市场需求情况，并对管道的走向、管径、设备、投资、输油成本及利润等进行初步方案筛选。可行性研究一般需用 6~9 个月的时间，对于大型管道或在复杂情况下应更为慎重。美国阿拉斯加原油管道的可行性研究用了 4 年时间[14]。

1.4 输油管道腐蚀及其防护

现代腐蚀科学认为"腐蚀"的含义是所有物质(金属和非金属)由于环境引起的破坏。就金属而言,腐蚀就是在周围介质的化学或电化学作用下,并且经常是在化学因素或生物因素的综合作用下,金属由元素状态转为离子状态所引起的破坏。可见,腐蚀本身就是一种破坏,这种破坏是一个自然过程,是普遍存在的自然现象。

中国的输油管道大多数都是钢制管道,为了把油输送到全国各地,钢制管道会埋在各种不同类型的土壤、河流、湖泊中,不同环境中的气温、地下水位、杂散电流等都会对钢制管道造成不同程度的腐蚀。管道腐蚀如图 1.3 所示。

图 1.3 管道腐蚀

1.4.1 输油管道腐蚀的分类与原因分析

1.4.1.1 按照腐蚀机理分类

(1) 化学腐蚀。

输油管道化学腐蚀是管材金属与运输介质或环境介质直接发生化学反应而引起的腐蚀。金属管道表面会与周围的介质(如 O_2、SO_2、CO_2 等)发生化学反应,生成相应的化合物。金属输油管道在高温下容易被氧化,生成氧化皮,同时还会发生脱碳现象。此外,油品中的有机硫化物、环烷酸、有机酸等也会与金属输油管道发生化学反应。

化学腐蚀的特点是在腐蚀作用进行中没有电流产生,这在输油管道中并非主要的腐蚀机理。

(2) 电化学腐蚀。

输油管道电化学腐蚀是指金属管道和与其接触的可电解介质作用,金属表面形成原电池反应而引起的腐蚀。金属管道与潮湿的空气、土壤、海洋等接触时,由于这些介质中含有 CO_2、SO_2、NaCl 等电解质溶液,因此会发生电化学腐蚀。金属本身含有杂质,当它们处于溶解了 CO_2、SO_2 等气体的酸性介质中时,由于铁元素和杂质元素的电位不同,就会形成原电池反应，由下列三个环节组成：

① 在阳极，金属溶解，变成金属离子($Fe \longrightarrow Fe^{2+}+2e^-$)进入溶液中。

② 阳极电子流向阴极。

③ 电子被溶液中能够吸收电子的阴极所接收。大多数情况下，在酸性介质中，H^+ 与电子结合形成 H_2；在中性或碱性溶液中，O_2 在溶液中与电子结合生成 OH^-。

以上三个环节缺一不可，三者是相互联系的，如果停止其中一个环节，则整个腐蚀过程也就停止进行[15]。

电化学腐蚀的特点是腐蚀过程中伴随电流的产生，这是输油管道腐蚀的重要机理。

1.4.1.2　按照腐蚀环境分类

(1) 大气腐蚀。

暴露在大气中的管道金属表面由于水和氧的作用而产生破坏。其原因是大气中含有水蒸气，其会在金属表面冷凝而形成水膜，溶解大气中的气体及其杂质，可起到电解液作用，使金属表面发生电化学腐蚀[16]。

(2) 海水腐蚀。

海水腐蚀是指金属管道在海洋环境中遭受腐蚀而失效破坏的现象。影响海水腐蚀的因素主要如下：

① 盐的浓度。当盐的浓度超过一定值时，氧的溶解度降低，腐蚀速率下降。

② pH 值。海水一般处于中性，对腐蚀影响不大。在深海中，pH 值略有下降，不利于生成保护性碳酸盐。

③ 碳酸盐饱和度。在海水的 pH 值下，碳酸盐一般达到饱和，易于沉积；当施加阴极保护时，更易于碳酸盐沉积析出。对于河口处的稀释海水，碳酸盐并非饱和，不易析出形成保护层，腐蚀加剧。

④ 氧含量。氧含量的增加会促进腐蚀。绿色植物的光合作用和波浪会提高氧的含量；海洋动物的呼吸作用及生物分解需要消耗氧，氧含量降低。因此，污染海水中的氧含量可大大下降，腐蚀速率下降。

⑤ 温度。海水温度每升高 10℃，腐蚀速率提高约一倍，但随着温度升高，氧含量降低，腐蚀速率又会下降。

⑥ 流速。铁、铜等金属存在一个临界流速，超过临界流速，腐蚀明显加快。但对海水中能钝化的金属，一定的流速能促进钛、镍合金和高铬不锈钢的钝化和耐蚀性。海水流速很高时会出现冲刷腐蚀。

⑦ 生物因素。生物因素对腐蚀的影响很复杂，但多数加剧了腐蚀。

(3) 土壤腐蚀[17]。

① 土壤含水。

土壤含水是对腐蚀影响最大的因素。土壤中的水分对金属溶解的离子化过程及土壤电解质的离子化都是必要的，除参与腐蚀的基本过程外，水分还影响土壤腐蚀的其他因素。通常情况下，如果土壤中含有较高的水分，那么就会对土壤中氧气的渗透和扩散产生一定的阻碍，这样就能变相地减轻腐蚀反应。土壤中含水量低于 10% 或相对较低，就会使溶解离子含量受到影响，离子含量较低使得电性减弱，腐蚀速率也会急剧降低。

② 土壤细菌含量。

细菌存在于土壤当中，在特定的条件下参与金属管道的腐蚀过程。尤其是 SRB 硫酸盐还原菌，相对于其他细菌，SRB 具有更强的腐蚀性。SRB 是一种厌氧菌，当土壤 pH 值在 5~9、温度在 25~30℃时，最有利于它的生长和繁殖。SRB 能参与电极反应，将可溶的硫酸盐转化为硫化氢，并和铁作用生成硫化亚铁。由于生成硫化氢，使土壤中 H^+ 浓度增大，阴极反应过程氢的去极化作用加强，从而加速了腐蚀反应进程。特别地，有一些细菌依靠管道防腐涂层的石油沥青作为养料，将沥青"吃掉"，从而造成防腐层破坏而丧失防腐功能。

③ 含盐量。

土壤电解质中离子含量的多少与土壤中含盐量的多少有直接关系。含盐量能够充分体现土壤导电性能的强弱，也表明在该土壤介质环境中，钢铁发生腐蚀时电子转移的难易程度。如果土壤中含盐量较高，那么该土壤的导电能力就较强，这样会更容易发生强烈的腐蚀反应。尤其是 Cl^- 更容易促进腐蚀的发生，其引起的点蚀对管道更是致命的破坏。

即使在土壤中含水量较少的干旱的沙漠地区，土壤中含盐量的高低、透气性的好坏、土壤的潮湿度以及降雨量的多少都会在短时间内造成钢制管道的腐蚀破坏。即使钢制管道长期埋在地下，也会与土壤中的特殊电解质发生电化学反应，这是中国输油管道发生腐蚀的主要原因之一。

1.4.1.3 按照腐蚀形态分类

（1）均匀腐蚀。

均匀腐蚀指腐蚀均匀分布于整个管道表面上，又称为全面腐蚀。这是在较大面积上产生的程度基本相同的腐蚀。遭受均匀腐蚀的输油管道，壁厚逐渐减薄，最后遭到破坏。但绝对均匀的腐蚀是不存在的，厚度的减薄并非处处相同。由于这种腐蚀可以根据各种材料和腐蚀介质的性率，测算出其腐蚀速率，这样就可以在设计时留出一定的腐蚀裕量。所以，均匀腐蚀的危害一般是比较小的。

（2）局部腐蚀。

局部腐蚀指腐蚀集中发生在金属管道表面的特定局部位置，而其他区域腐蚀十分轻微，甚至不发生腐蚀。局部腐蚀是由于电化学因素的不均匀性形成局部腐蚀原电池导致的金属表面局部的集中腐蚀破坏，主要包括点蚀、缝隙腐蚀、晶间腐蚀、电偶腐蚀、应力腐蚀、腐蚀疲劳和氢腐蚀等，其中点蚀是局部腐蚀最为突出的形式之一。

点蚀指腐蚀以洞穴或坑点的形式分布于金属管道表面，并向内部扩展，甚至造成穿孔。如果坑口直径小于点穴深度，称为点蚀；如果坑口直径大于坑的深度，称为坑蚀。实际上，点蚀和坑蚀没有严格的界限[18]。点蚀通常发生在易钝化金属或合金表面，侵蚀性阴离子（Cl^-）和氧化剂往往在腐蚀环境中同时存在，电位大于点蚀电位时易发生点蚀。点蚀是一种隐蔽性强、破坏性大的局部腐蚀形式，通常因点蚀造成的金属质量损失很小，但设备常常由于发生点蚀而出现穿孔破坏，造成介质泄漏，甚至导致重大危害性事故发生。

1.4.1.4 按照腐蚀部位分类

（1）输油管道内壁腐蚀[19]。

内壁腐蚀是指发生在输油管道内壁上的腐蚀。造成内壁腐蚀的原因有很多，大致可以分为以下几类：

① 输油管道在运行过程中会遇到一些含有腐蚀性介质的油，如原油，原油中含有大量的腐蚀性介质，在运输过程中如果输油管道内部防腐层出现破损，原油中的腐蚀性介质就会直接接触输油管道从而造成腐蚀现象。

② 在原油的输送过程中，如果输油管道内壁压力太大，会导致管道防腐层较为脆弱的部位破损加大。

③ 原油中含有大量的固体颗粒杂质，在运输的过程中，也会对输油管道内壁产生磨损。

④ 由于受到气候、温度、地质等方面的影响，输油管道中会存在一些水分，这些水分与管道中的金属和杂质发生反应就会造成内壁的腐蚀。

⑤ 管道之间通过焊接连接，焊接时的高温会造成接头处防腐层分布不均匀，容易发生腐蚀。

（2）输油管道外壁腐蚀。

外壁腐蚀是指发生在输油管道外壁上的腐蚀。造成外壁腐蚀的因素有许多，大致可以分为以下几类：

① 金属管道与周围土壤接触发生化学反应造成管道的腐蚀。土壤是一种特殊的固体电解质，含有水、盐、酸等多种物质，这些都会造成管道外壁的腐蚀。

② 管道保温层出现破损时，会有水渗入，水与空气中的 O_2、CO_2 等共同作用生成电解质溶液，在管道外壁形成电化学腐蚀。

③ 施工、设计不当及违法施工等造成管道防腐层出现破损时，管道表面会发生脱落、剥离等现象，使得管道与外界介质进一步反应造成"小阳极，大阴极"的情况发生，防腐层破损处会发生严重的点蚀现象。例如，长庆油田所辖银巴输油管道建成后，利用 PCM+设备对管道防腐层进行检漏，112km 管线共发现 81 处防腐层破损。经开挖补漏发现，大部分防腐层破损由野蛮施工造成，也有一部分管道防腐层是在运输等过程中损坏的[20]。

1.4.2 管道腐蚀的危害

（1）管道腐蚀会造成巨大的经济损失。

随着油气田的不断开发生产，国家对管道运输和储存的投入也不断加大，进而地下的管道网络不断扩大。但是，管道腐蚀造成了巨大的经济损失。

中国石化工业(仅指原石化总公司所属企业)1989 年因腐蚀造成的经济损失约 20 亿元。其中，中原油田管道频繁腐蚀穿孔，大量原油泄漏，造成农田污染。仅中原油田胡状油田1991—1993 年就被迫停产 750 井次，影响原油产量 9600 吨，损失 1651 万元，污染赔偿费318 万元。1993 年中原油田生产系统因腐蚀造成的经济损失达 1.6 亿元。

从上述因腐蚀造成的危害实例可以看出，腐蚀问题关系到石油工业的生存及发展。有关资料报道，对于世界各国每年仅由管道腐蚀造成的损失，美国约为 20 亿美元，英国约为17 亿美元，德国和日本各为 33 亿美元。

（2）管道腐蚀会影响管道系统的可靠性和使用寿命。

据美国国家运输安全局统计，美国 45% 的管道损坏是由钢管外壁腐蚀引起的。

1981—1987年苏联管道运输事故统计表明，总长约$24×10^4$km的管线上曾发生事故1210次，其中外部腐蚀造成的事故有517起，占事故总数的42.7%；内部腐蚀造成的事故有29起，占事故总数的2.4%。中国的地下油气管道投产1~2a后即发生腐蚀穿孔的情况已屡见不鲜。

（3）管道腐蚀会带来灾难性的事故。

由于长距离输油管道输送的介质易燃、易爆且具有腐蚀性，一旦发生泄漏或断裂，往往引起火灾、爆炸等灾难性事故。

1965年3月，美国一输油管线因应力腐蚀破裂而着火，造成17人死亡。

1988年7月6日，英国北海的阿尔法平台因腐蚀破坏而引发爆炸事故，整个平台结构坍塌，倒入海中，当时平台上共226人，其中165人死亡，同时导致北海油田年产量减少12%。这是世界海洋石油工业史上最大的一次悲惨事故[21]。

1993年，中原油田管网设备的腐蚀速率达到1.5~3.0mm/a，致使油田生产系统在该年的腐蚀穿孔次数达到8000多次，全油田有400多口油井因深井泵腐蚀穿孔而停止作业。

2010年7月16日，大连新港发生特大输油管线爆炸事故并引起火灾（图1.4）。不仅造成了附近地区的空气污染，而且有1500余吨原油流入海湾，被污染海域面积很大。大连湾、大窑湾、小窑湾、金石滩等多地受损，影响多项海洋产业。

2013年11月22日凌晨3时，青岛市黄岛区秦皇岛路与斋堂岛路交会处，中石化输油储运公司潍坊分公司输油管线破裂，发现事故后，约3时15分停止输油，斋堂岛街约$1000m^2$路面被原油污染，部分原油沿着雨水管线进入胶州湾。处置过程中，当日上午10时30分发生爆燃（图1.5），同时在入海口被原油污染的海面上也发生爆燃。爆炸共造成62人死亡，100多人受伤。该泄漏段输油管线永久停止使用。

图1.4　大连输油管线爆裂现场救援图　　　　图1.5　青岛输油管道爆炸

1.4.3　输油管道腐蚀防护

重视腐蚀问题，防止或减缓腐蚀的危害，提高输油管道的防腐蚀技术水平，不仅有明显的经济效益，也有重大的社会效益，对石油工业的发展至关重要。目前，中国采用的防腐措施主要有管道防腐涂层、阴极保护、管道内涂层及衬里、添加缓蚀剂等，通过上述方式减缓输油管道的腐蚀[22]。

（1）管道防腐涂层。

采用防腐涂层将输油管道与腐蚀介质隔离可以有效地防止腐蚀的发生，是目前应用最为广泛的防腐措施。一般在喷涂前要对管道进行处理，将表面的灰尘、锈、杂质等清理干净，这样可以延长涂层的使用寿命。

作为管道的防腐层，若要满足防腐的要求，需要具备以下性质：

① 涂层要具有绝缘性，不导电；

② 涂层应该具有耐剥离的能力；

③ 涂层应该有良好的机械强度，不容易被破坏；

④ 涂层稳定性良好，不易与其他物质发生反应；

⑤ 涂层破损之后要容易修补。

下面介绍几种常用的防腐涂层及其适用情况。

① 石油沥青防腐层。

石油沥青防腐层是一种由底漆、石油沥青层、加强玻璃丝布、聚氯乙烯外包膜组成的传统防腐层。它具有价格低廉、原材料广泛等优点，但是不耐低温，易吸水，易被破坏，一般用于非主要集输管道，如城市供水、供气管道等。

② 熔结环氧粉末涂层。

这种涂层是将熔结环氧粉末涂于金属表面。它具有耐腐蚀、耐老化、耐温性好、与钢管表面黏结力强等优点，是如今国内外管道涂层的主要技术之一，多用于主要集输管道。

③ 3PE 防腐层。

这种涂层是由熔结环氧与挤塑聚乙烯结构防护层共同组成的。它包括三层：最底层是熔结环氧，中间部分为胶黏剂，表面层是挤塑聚乙烯。这种涂层不仅具有熔结环氧粉末防腐层的耐腐蚀、耐老化、耐温性好、与钢管表面黏结力强的特性，还具有挤压聚乙烯防腐层的机械保护特性，作为埋地输油管道的外防护层具有非常大的优越性，是目前最先进的管道外防腐技术。

综上所述，选择防腐层考察的主要指标包括良好的载结性能、耐冲击力、耐阴极剥离、耐渗透及电化学介质性能，适当的温度适用范围，易于补口补伤等。

（2）阴极保护技术。

阴极保护是主要针对电化学腐蚀而采取的一种防腐办法。通过给管道连接一种电位更低的金属或外加电流，从而消除电化学的影响，达到保护管道的目的。

① 牺牲阳极的方法。

这种方法是将一种电位较低的金属与管道金属相连，从而构成新的原电池，低电位金属发生氧化反应失去电子，从而防止管道金属失去电子，避免了腐蚀的发生。

② 外加强制电流的方法。

这种方法是将金属管道与外加电源相连通，外加电源接阳极，使管道金属成为阴极。在外加电源与管道金属之间形成较强的电位差，防止金属腐蚀，达到保护管道的作用。

（3）管道内涂层及衬里技术。

在管道内部增加内涂层衬里可以有效地防止管道发生腐蚀，常用的内涂层有以下几种：

① 玻璃鳞片漆衬里涂层。

这种涂层具有抗渗透性强、绝缘性好、受热不易剥落等优点。

② 环氧树脂玻璃钢管道内衬里。

这种衬里具有耐水性能好、方便固化成型等优点，但不足之处是固化后脆性较大。

③ 聚乙烯粉末涂层。

这种衬里具有生产简单、无毒等优点，但不足之处是机械强度低、耐热性能差。

（4）添加缓蚀剂。

在管道中加入缓蚀剂也是一种可以有效防止管道腐蚀的方法。缓蚀剂的缓蚀作用不是通过改变腐蚀介质中腐蚀组分的含量实现的，而是通过使腐蚀金属的表面状态改变，或是起催化剂的作用，从而改变腐蚀过程的阳极反应或阴极反应的反应机理，使反应的活化能位垒提高，反应速率常数减少，使整个腐蚀过程的速率下降，达到缓蚀的目的。加入的缓蚀剂在金属表面具有吸附作用，生成一种吸附在金属表面的吸附膜，减少了金属表面与介质中 H^+ 的接触，减缓了腐蚀的速率。目前常用的缓蚀剂有 C73、DPJ、JMC、CT2、TG、WSJ 等类型。

缓蚀剂防腐具有以下特点：

① 缓蚀剂用量极少，基本不改变介质体系，成本低。

② 缓蚀效率高，可以节约大量钢材，提高设备的使用寿命。例如，酸洗时使用缓蚀剂可以使损耗减少 90% 以上。

③ 使用缓蚀剂防腐，可以使一些先进的工艺流程得以实现。

④ 缓蚀剂具有高度的选择性。不同的腐蚀体系一般应选用不同的缓蚀剂配方，甚至同一体系，在温度、浓度、流速改变时，所用缓蚀剂也应有所不同。因此，对于每一个具体的腐蚀体系，应通过实验来确定适宜的缓蚀剂种类及浓度，不可生搬硬套。

⑤ 缓蚀剂可能随时间而消耗，随介质而流动。因此，缓蚀剂的应用场所多限于循环和半循环体系。

1.5　管道腐蚀检测技术

鉴于管道事故造成的巨大经济损失、环境污染和人员伤亡，2013 年 12 月 6 日，国务院安全生产委员会下发《关于开展油气输送管线等安全专项排查整治的紧急通知》（简称《通知》）。《通知》要求，即日起至 2014 年 3 月底，对全国范围内的油气输送管线等进行安全排查整治工作。同时，根据 2000 年 4 月颁布实施的《石油天然气管道安全监督与管理暂行规定》，新建管道必须在 1 年内完成检测，以后视管道安全状况每 1~3 年检测 1 次。在这种形势下，有效的管道腐蚀在线检测问题便成了当务之急。

管道腐蚀检测的方法很多，如射线检测法、高频涡流检测法、声表面波检测法、磁粉检测法、漏磁法、超声波法、激光扫描法、惯性法等[23]，但这些方法中很多都属于管道外检测技术，无法对埋地管道进行在线检测。为了不影响管道的正常运输作业，在管道内部对其检测是一种很好的方法。目前，国内外广泛采用的管道内检测技术主要有漏磁（Magnetic Flux Leakage，MFL）内检测技术、高频涡流内检测技术、惯性测绘内检测技术和超声（Ultrasonic，US）内检测技术。

1.5.1 漏磁内检测技术

漏磁内检测技术的工作原理是利用检测器自身携带的强磁铁产生的磁力线通过钢刷耦合进入管壁，在管壁全圆周上产生一个纵向磁回路场，使磁铁间的管壁达到磁饱和状态。如果管壁没有缺陷，则磁力线在管壁内均匀分布。如果管道存在缺陷，管壁横截面减小，由于管壁中缺陷处的磁导率远比铁磁性材料本身小，则缺陷处磁阻增大，磁通路变窄，磁力线发生变形，部分磁力线穿出管壁两侧产生漏磁场，漏磁场形状取决于缺陷的几何形状。漏磁信号被位于两磁极之间紧贴管壁的探头（传感器）检测到，并产生相应的感应信号，这些信号经过滤波、放大、模数转换等处理后被记录到检测器的存储器中。检测完成后，通过专用软件对数据进行回放、识别和判断，即可以获得缺陷的位置、类型、形状和尺寸等信息。图1.6为漏磁内检测基本原理图。

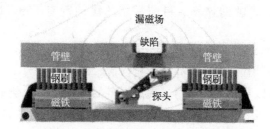

图1.6　漏磁内检测基本原理图[24]

（1）轴向磁化漏磁内检测技术。

轴向磁化漏磁内检测系统基于漏磁内检测技术，磁通量沿管道轴向分布（图1.7）。这使得内检测系统对环向缺陷较敏感，对轴向金属损失缺陷不敏感；能够较准确地识别缺陷的长度，难以判断宽度。轴向磁化漏磁内检测技术发展历史最长，技术比较成熟，应用较为广泛。

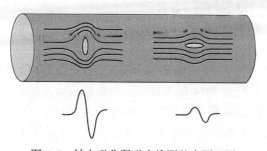

图1.7　轴向磁化漏磁内检测基本原理图

（2）环向磁化漏磁内检测技术。

环向磁化漏磁内检测系统也基于漏磁内检测技术，与轴向磁化漏磁内检测系统不同的是，其磁通量沿管道环向分布而不是沿管道轴向分布（图1.8）。这使得内检测系统对轴向特性有全面的检测，对厚度能给出更清晰的表示。环向磁化漏磁内检测系统主要检测与管道轴向平行的狭长缺陷。因此，环向磁化漏磁内检测系统不仅能检测金属缺失，还可以检测沿轴向排列的直焊缝缺陷。

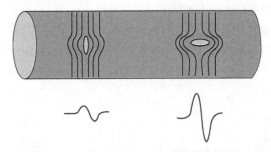

图 1.8 环向磁化漏磁内检测基本原理图

（3）螺旋磁化漏磁内检测技术。

图 1.9 为漏磁方向与腐蚀类型的可检测性示意图。从图中可以看出，由于漏磁磁场方向的原因，传统的轴向磁化漏磁内检测系统对管道上的周向缺陷更敏感，对轴向尤其是轴向狭长的腐蚀缺陷很不敏感，甚至无法检测出来，因为缺陷方向与磁力线方向平行，几乎不会产生漏磁。而环向磁化漏磁内检测系统刚好相反，对轴向缺陷更敏感，对环向缺陷或裂纹极不敏感。而螺旋磁化漏磁内检测系统正好是轴向磁化漏磁内检测器和环向磁化漏磁内检测器的有机结合，可同时检测轴向或环向缺陷[25]。

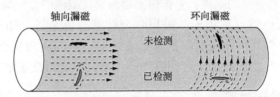

图 1.9 漏磁方向与腐蚀类型的可检测性示意图

漏磁检测技术非常适合中小型管道的检测并且不需要耦合剂，但也有其局限性[26]。

（1）不适用于检测非铁磁性材料。由于其磁导率接近 1，因而缺陷周围的磁场不会发生变化，就不会有漏磁通产生。

（2）不适用于检测工件内部的缺陷。由于磁场主要在缺陷周围发生变化，如果缺陷离工件表面的距离很大，那么表面可能不会有漏磁通产生。

（3）不适用于检测形状复杂的工件。由于采用传感器接收漏磁信号，而传感器不可能紧贴被测工件表面，有一定的提离值，复杂的形状会造成提离值变化较大，从而影响检测的精确度。

（4）对内外壁缺陷检测的灵敏度不同。如果检测仪器在管道内部行走，则对管道内壁检测的灵敏度要高于管道外壁。

1.5.2 高频涡流内检测技术

高频涡流内检测技术利用涡流效应对导体材料中的缺陷性质进行分析。由电磁理论可知，随时间变化的电磁场相互转化。导体中通以交变电流时会在导体内部和周围产生交变的磁场，在交变磁场的作用下，导体中将产生与所加交变电流相反的电动势，表现为交变电流的阻抗。对于涡流检测器，其应用时探头线圈中通过交变电流，交变电流在被检测导体内形成与其相反的涡旋电流(图 1.10)[27]。

当被检测物体上有缺陷存在时，所形成的涡旋电流将绕过缺陷，因此所形成的感应电磁场发生变化，从而使耦合后的阻抗发生变化，其变化将在探头上感应出来(图 1.11)。涡流检测优越之处在于其激励信号为交变电流，通过对交变电流相位不同的分析可以提高检测信号的信噪比，提高灵敏度。

图 1.10　涡流生成示意图　　　图 1.11　涡流在缺陷处形成涡流电流的环绕

早在 20 世纪 40 年代后期，各公司就已经开始注意到有关金属疲劳和腐蚀的管线内部问题。壳牌研究院成功研制了一台智能清管器，其可以寻找腐蚀区域，并记录膜的内部缺陷，对内腐蚀凹陷的深度测量精度约为 1.5mm。涡流近程传感器用于两种不同类型距离的测量，局部传感器测量传感器到管壁的距离，整体传感器测量其载体中心到局部传感器的距离。

然而，涡流检测法虽然可适用于多种黑色金属和有色金属，如用于探测蚀孔、裂纹、全面腐蚀和局部腐蚀，但其对铁磁材料的穿透力很弱，只能用来检查表面腐蚀。而且如果金属表面的腐蚀产物中有磁性垢层或存在磁性氧化物，可能给测量结果带来误差。

1.5.3　惯性测绘内检测技术

惯性测绘内检测技术可以在管道正常运行状态下，使用惯性器件测绘出管道的三维相对位置坐标，以地面高精度参考点(检测起点、沿途参考点、检测终点)GPS 坐标加以修正，能够精确描绘出管道中心线三维走向图。通过高精度的中心线坐标参数，能够有效识别由环境因素等诱发的管道变形和管道位移，评估管道的曲率以及与曲率变化相关的弯曲应变[28]。同时，将惯性测绘获得的位置参数与变形、漏磁、超声内检测数据结合起来，能够解算出管道所有参考环焊缝的 GPS 坐标，并绘制成工程图，从而极大地方便管道维修方案的制订与管道开挖定位，提高维修效率，节省维修费用。

管道惯性测绘内检测技术的基本原理是牛顿力学运动定律，与航空航天领域导航使用的惯性导航系统(INS)基本相同。INS 分为平台式惯性导航系统与捷联式惯性导航系统两大类：平台式惯性导航系统具有物理实体的导航平台；捷联式惯性导航系统不具有物理实体的导航平台，直接将惯性器件安装在运动物体上，由计算机完成平台的功能。由于捷联式惯性导航系统结构简单、可靠性高、造价较低、易于维修，现在的惯性导航系统大多使用捷联式惯性导航系统[29]。目前，管道惯性测绘内检测也使用捷联式惯性导航系统，其核心部件是由三维正交的陀螺仪与加速度计组成的惯性测绘单元 IMU。利用陀螺仪测量物体三个方向的转动角速度(图 1.12)，利用加速度计测量物体三个方向的运动加速度(图 1.13)。检测完成后，将采集、记录的数据使用专门的计算软件进行积分等运算处理，便可以得到检测器任一时刻的速度、位置与姿态信息，获得管道的中心线坐标[30]。

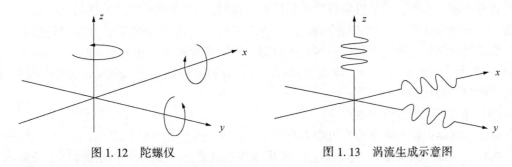

图1.12　陀螺仪　　　　　　　　　　图1.13　涡流生成示意图

惯性测绘内检测技术可实现高精度数字管道的建设、管道弯曲应变的测量、管道特征的定位与展示等。

（1）高精度数字管道的建设。

将惯性测绘单元 IMU 得到的输油管道相对位置参数通过地面 GPS 修正后，获得精确的管道中心线三维坐标参数，据此，绘制其位置走向图和高程剖面图（图1.14）。与遥感影像数据相结合，能够实现整条管道的可视化管理，辅助实施管道高后果区的识别，为风险评价提供数据支持；同时，可以精确识别与河流、公路、铁路、村镇交叉的穿跨越点位置，加强对高风险区段的重点管理[31]。

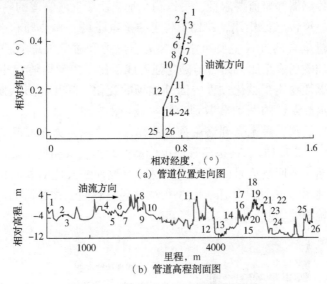

（a）管道位置走向图

（b）管道高程剖面图

图1.14　管道位置走向图与高程剖面图

（2）管道弯曲应变的测量。

在役管道可能由于滑坡、沉降、冻胀等环境因素产生移动，导致管道产生弯曲应变并产生较大的弯曲应力。弯曲应变的存在严重影响管道的结构完整性与运行安全。利用惯性测绘内检测技术获得的管道中心线曲率变化数据，能够识别环境因素造成的变形区域，并评价相应区域管道的完整性。

在弹性变形范围内，管道的弯曲应变和弯曲应力与管道的曲率变化成正比。弯曲应变可以由两次内检测得到的曲率改变量求得。首次曲率检测一般是为了得到管道的曲率基线，以便将来比较。然而，如果假设管道在建设时是直的(通过其他内检测数据与已有资料排除弯头、穿跨越等位置)，则可以进行初步的应变研究，评价地质非稳定性对管道的影响。目前，管道惯性测绘内检测设备已实现首次检测可以识别管道外直径大于 400mm 的曲率改变(对应的弯曲应变为 0.125%)，重复检测可以识别管道外直径大于 2500mm 的曲率改变(对应的弯曲应变为 0.02%)。

(3) 管道特征的定位与展示。

以惯性测绘内检测获得的管道中心线为参考，整合并排比不同来源(管道运行、环境状况、内检测、地面测量维护等)的信息，实现这些信息沿管道线路的可视化排列，进而能够综合对比这些数据之间的相关关系，有助于制订管道的整体维护计划，为管道缺陷的维修提供额外的信息支持，极大地提高维修效率并节省维修费用。

1.5.4 超声内检测技术

(1) 电磁超声内检测技术。

电磁超声(EMAT)内检测技术作为一种新型的无损检测技术，在近几年获得快速发展。它利用电磁耦合的方法激励和接收超声波信号，并可激发不同类型的超声波，如体波、表面波和 SH 波等多种波型，因而可检测的缺陷类型很多。电磁超声传感器与被检物非接触，无须耦合介质，对传感器提离值要求低，可以稳定地应用于气液管道的内检测[32]。

与传统的压电超声传感器相比，EMAT 利用的是电磁场、弹性场和声场三个矢量场之间的能量耦合，能量耦合的方式主要有洛伦兹力、磁力和磁致伸缩效应三种机理[33]。其中，洛伦兹力与外加磁场成正比，磁力与磁化强度成正比，二者均随着外加磁场单调变化。磁致伸缩效应是铁磁性物质在磁化过程中因外磁场的变化，其几何形状发生微小可逆变化的现象，铁磁性材料周期性的振动会激励出超声波(图 1.15)。此外，在变化的电磁场中，导体材料表面会产生涡流，涡流受到洛伦兹力的作用，洛伦兹力激发垂直于材料表面振动的应力波产生超声波(图 1.16)。在被测管道中传播的超声波又引起电磁场的扰动而产生感应电压，从而实现超声波回波信号的接收。但是，磁致伸缩效应对材料敏感，具有明显的非线性和磁场依赖性[34]。因此，使用 EMAT 检测铁磁材料时，往往因为对磁致伸缩效应的认识不到位，导致检测效率低、信噪比差等问题。

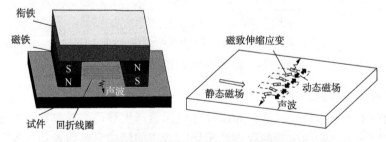

图 1.15　均匀静态磁场 EMAT 结构中的磁致伸缩机理

(2) 超声裂纹内检测技术。

超声裂纹检测器采用超声在无损检测中的一种特殊应用——45°横波技术。根据超声的

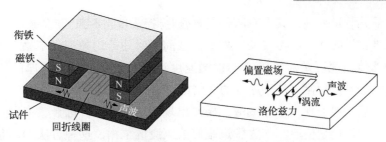

图1.16 均匀静态磁场EMAT结构中的洛伦兹力机理

折射、反射定律，在金属管壁的裂纹检测时，检测器发射的超声脉冲沿周向进入管壁的入射角度必须选择合适，保证在金属管壁中只产生45°的横波。当超声波以一定的角度斜入射到管壁时，横波以45°角在管壁内沿着W路线前进，如果在前进路线上没有遇到裂纹，则探头不会接收到回波信号，表示内外管壁都没有缺陷[图1.17(a)]；当声波前进路径上出现裂纹时，则超声波在裂纹处将产生反射回波，回波以相反的路径传播回探头，探头接收到反射回波后就知道存在外壁裂纹或者内壁裂纹[图1.17(b)和图1.17(c)]。

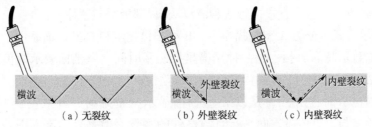

图1.17 管壁裂纹超声内检测示意图

超声裂纹检测器于1994年开始在管道内检测领域得到应用。在欧洲、俄罗斯和北美地区最初的1000km现场工作中，使用超声裂纹检测器发现了超过100个需要验证开挖的缺陷。后来所有的缺陷均通过现场开挖和测量得到验证。实践证明，超声波对裂纹等平面缺陷最为敏感，检测精度很高，可以识别1mm的细小裂纹。由于超声裂纹检测器的可靠性高，德国TUV公司从1995年起就批准使用其作为静水压力试验的替代技术。

（3）超声测厚内检测技术。

超声测厚内检测技术是利用脉冲回波原理进行管道检测的技术，图1.18为超声测厚内检测技术基本原理图。

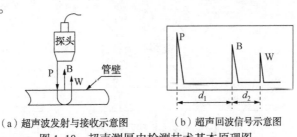

（a）超声波发射与接收示意图　　（b）超声回波信号示意图

图1.18 超声测厚内检测技术基本原理图

当脉冲发生器发出的高频电脉冲激励探头的压电晶片时，发射超声波P，经过一种间隙介质（即石油）传播后垂直入射管道内壁，一部分声波B从管道内壁反射回探头；另一部分发生透射，到达管道外壁，其中一部分声波透射（探头接收不到），其余一部分声波 W 反射回探头。回波传输时间、起始波及内外壁回波间的时间差均被记录下来，再综合超声波在被测管壁中的传播速度及对该管道的检测速度可以精确描述管道壁厚的情况。图 1.18 中，d_1、d_2 分别为油层厚度、管壁厚度的 2 倍。

管道被腐蚀后一般表现为壁厚减薄，局部出现凹坑或麻点。因此，通过超声测厚内检测技术可得到管道的剩余壁厚，作为管道维修或判废的依据。这种方法的不足之处在于超声波在空气中衰减很快，检测时一般要有油或水等作为声波的传播介质（即耦合剂），而输油管道中石油就是良好的声耦合剂。超声检测管壁厚度精确度高、可定量探测厚管壁（40～50mm），是长距离输油管道腐蚀检测的有效手段。

根据参数的不同，超声内检测可有多种分类方法：

① 按照原理可分为脉冲反射法、穿透法和共振法；

② 按照振动形式可分为纵波法、横波法、瑞利波法和蓝姆波法；

③ 按照探头个数可分为单探头法和双探头法；

④ 按照接触方法可分为直接接触法和液浸法（局部液浸与整体液浸）；

⑤ 按照显示方式可分为 A 型扫描显示、B 型扫描显示和 C 型扫描显示。

a. A 型扫描显示简称 A 扫，是一种用横坐标表示时间、纵坐标表示幅值的脉冲回波显示方式，用来表示声束线上工件的内部结构和缺陷情况。

b. B 型扫描显示简称 B 扫，是以 A 型扫描显示为基础的一种灰度调制性显示方法。B 型扫描显示的是与声束传播方向平行且与试件的测量表面垂直的剖面图像，从而可以把缺陷在垂直断面（即与声束平行的纵剖面）上的分布情况显示出来，因此从 B 型扫描显示中可观察到缺陷的深度和位置。

c. C 型扫描显示简称 C 扫，表示的是工件透视的俯视图。类似 X 光照片形象地给出工件内部不连续性的位置、大小、形状，但显示不出深度。C 型显示是探头作 C 型扫描，超声回波信号经仪器处理由与探头同步运行的显示描绘出来的；或用微机存储记忆在监视器屏幕上显示出来。C 型显示多用于自动化超声扫描检查，它的优点是实时给出直观的缺陷长度、宽度、形状分布图，缺点是不能给出缺陷的深度。

A 型、B 型、C 型三种显示分别如图 1.19 所示。

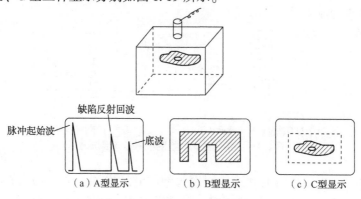

（a）A 型显示　　　　（b）B 型显示　　　　（c）C 型显示

图 1.19　A 型、B 型、C 型显示

由于超声检测脉冲重复频率很高，探头接收的海量回波数据必须在瞬间内存储完毕。同时，实际管道工艺情况复杂，获得的回波信号混杂多种噪声，且受不确定性干扰，如管壁的厚度不均、检测器在油压驱动下的非匀速运动、检测器在拐弯或管径变化等处的通过性、油层中的杂质、气泡、油温、部分探头数据的缺失等，都会造成回波信号的畸变，给数据处理带来极大困难。

目前，超声波内检测回波信号处理存在的主要问题如下：A 扫描海量数据的在线实时存储问题没有得到有效解决；B 扫描壁厚转换算法精度较低，存在误判率与漏检率较高等情况；C 扫描图像缺陷识别与后处理工作不足。

参 考 文 献

[1] Murray A. Pipeline Technology：Where have we been and where are we going［C］∥3rd Seminar on Pipeline. Rio de Janeiro，2001.

[2] 康勇. 油气管道工程［M］. 北京：中国石化出版社，2008.

[3] 张奇兴. 我国管道运输的现状和发展［J］. 中国石化，1998(08)：37-39.

[4] 郭光臣，董文兰，张志廉. 油库设计与管理［M］. 东营：中国石油大学出版社，2006.

[5] 陆亚俊，马最良，邹平华. 暖通空调［M］. 北京：中国建筑工业出版社，2007.

[6] 杨筱蘅，张国忠. 输油管道设计与管理［M］. 东营：中国石油大学出版社，1996.

[7] 杨广文. 交通大辞典［M］. 上海：上海交通大学出版社，2005.

[8] 靳世久. 国家自然科学基金资助项目"热油长输管道泄漏检测与定位技术研究"结硕果［J］. 中国科学基金，2005(6)：359-360.

[9] 梁翕章，唐智圆. 世界著名管道工程(修订版)［M］. 北京：石油工业出版社，2002.

[10] 潘家华. 全面发展我国管道工业［J］. 油气储运，1994，13(4)：6-10.

[11] 国内规模最大的成品油管道工程——兰州—成都—重庆输油管道工程［J］. 中国勘察设计，2006(10)：5.

[12] 罗塘湖. 管道输油工艺研究［J］. 油气储运，1993，12(2)：1-3.

[13] Govier G W，Aziz K. The flow of complex mixtures in pipes［M］. New York：Van Nostrand Reinhold，1972.

[14] Holland F A，Bragg R. Fluid flow for chemical engineers［M］. London：Edward Arnold，1973.

[15] 左苗，杜旭峰. 输油管道的腐蚀与防护［J］. 科技传播，2012(5)：141+151.

[16] 白清东. 腐蚀管道剩余强度研究［D］. 黑龙江：大庆石油学院，2006.

[17] 徐国新. 试论输油管线的腐蚀及防护问题［J］. 化工管理，2015(11)：32.

[18] 杨理践，张国光，刘刚. 管道漏磁内检测技术［M］. 北京：化学工业出版社，2014.

[19] 刘欢，韩册，班久庆，等. 输油管道腐蚀与防护研究［J］. 辽宁化工，2016，45(5)：630-631.

[20] 王胜永. 浅谈输油管道的腐蚀与防护措施［J］. 中国石油和化工标准与质量，2018(19)：46-47.

[21] 柯伟，杨武. 腐蚀科学技术的应用和失效案例［M］. 北京：化学工业出版社，2006.

[22] 李嘉，刘洋，耿健. 输油管道防腐措施探讨［J］. 中国石油和化工标准与质量，2012(1)：61.

[23] 刘欣，刘红伟. 长输管道检测技术发展现状［J］. 石油工程建设，2013，39(3)：4-6.

[24] 王富祥，冯庆善，张海亮，等. 基于三轴漏磁内检测技术的管道特征识别［J］. 无损检测，2011，33(1)：79-84.

[25] 张华兵，周利剑，陈洪源，等. 油气输送管道完整性管理技术［M］. 北京：石油工业出版社，2018.

[26] 解腾云，王小宝，崔鹏. 油管的漏磁检测技术［J］. 辽宁化工，2011，40(2)：205-206.

[27] 常连庚，陈崇祺，张永江，等. 管道腐蚀外检测技术的研究［J］. 管道技术与设备，2003(1)：40-42.

[28] 关中原，税碧垣，朱峰，等．兰成渝管道减阻剂工业应用实验研究[J]．油气储运，2008，27(2)：31-36.

[29] 邵禹铭，管民，李慧萍．管输油品减阻剂性能评价的研究[J]．油气储运，2005，24(5)：27-30.

[30] 戴福俊，鲍旭晨，张志恒，等．成品油管道应用减阻剂研究[J]．油气储运，2009，28(1)：19-23.

[31] 王富祥，冯庆善，杨建新，等．油气管道惯性测绘内检测及其应用[J]．油气储运，2012，31(5)：372-375.

[32] 王晓司，王勇，杨静，等．电磁超声和漏磁管道内检测技术对比分析[J]．石油化工自动化，2018，54(5)：55-57.

[33] 丁秀莉，武新军，赵昆明，等．基于磁场空间分布 EMAT 磁致伸缩激励理论[J]．无损检测，2015，37(5)：1-6.

[34] Hirao M，Ogi H．EMATs for science and industry：noncontacting ultrasonic measurements[M]．Boston：Kluwer Academic Publishers，2003.

第2章 超声波检测的物理基础

超声波是一种机械波，是机械振动在介质中的传播。了解超声波本身的性质及其在传播过程中与物质相互作用时的行为特征，对于正确运用超声波内检测技术，保证管道腐蚀检测的有效实现，解释检测结果是十分必要的。

2.1 声波的本质

波有两种类型：电磁波（如无线电波、X 射线、可见光等）和机械波（如声波、水波等）。声波的本质是机械振动在弹性介质中传导形成的机械波。声波的产生、传播和接收都离不开机械振动，如人体发声是声带振动的结果；声音从声带传播到人耳，是声带引起空气振动的结果；人能听见声音是空气中的振动引起了人耳鼓膜振动的结果。所以，声波的实质就是机械振动。

2.1.1 机械振动

质点不停地在平衡位置附近往复运动的状态称为机械振动，如钟摆的运动、气缸中活塞的运动等。

（1）谐振动。

图 2.1 显示了质点—弹簧系统的机械振动。在静止状态下往下轻拉装在弹簧上的小质点，松手后质点便在平衡点附近进行往复运动。若空气阻力为零，则质点—弹簧系统自由振动的位移随时间的变化符合余弦（或正弦）规律：

$$y = A\cos(\omega t + \phi) \tag{2.1}$$

式中　y——质点的位移，m；

　　　A——质点的振幅，m；

　　　t——时间，s。

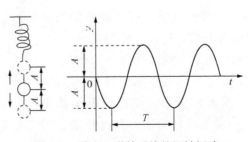

图 2.1　质点—弹簧系统的机械振动

这种位移随时间的变化符合余弦规律的振动称为谐振动。谐振动是一种周期振动，质点在平衡位置往复运动一次所需的时间称为周期，用 T 表示，单位为秒(s)；单位时间(即1s)内完成的振动次数称为频率，用 f 表示，单位为赫兹(Hz)。二者之间的关系为

$$T = \frac{1}{f} \tag{2.2}$$

谐振动是一种振幅和频率始终保持不变的、自由的周期振动，因而是最基本、最简单、最理想的机械振动。其振动频率是由系统本身决定的，称为固有频率。例如，质点—弹簧振动系统的固有频率是由质点的质量和弹簧的弹性决定的。所有复杂的周期振动都是多个不同频率的谐振动的合成。

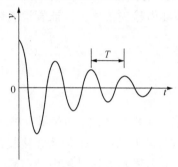

图 2.2　阻尼振动

(2) 阻尼振动。

与谐振动不同，实际的振动系统总是存在阻力的。例如，上述的质点—弹簧振动系统，由于存在空气阻力，质点的振幅随时间延长不断减小直至为零，即振动完全停止(图 2.2)。阻尼损耗了振动系统的能量，但阻尼振动也有可用之处，如在制作超声检测用的探头时，在晶片的背面浇注阻尼块，正是为了增加振动的阻力，使晶片在电脉冲激励下的振动迅速停止，以缩短超声脉冲宽度，提高检测分辨率。

(3) 强迫振动。

强迫振动是指在周期外力的作用下物体所做的振动。这种振动的特点是振动系统的振动频率由外力的频率决定；振幅取决于外力频率与系统的固有频率间的差异，二者差异越小，振幅越大，当外力频率等于系统的固有频率时，振幅达到最大值，这种现象称为共振。系统发生共振时，振动效率最高。

超声检测时，探头在发射和接收超声波过程中，压电晶片所做的振动即为阻尼振动和强迫振动。发射超声波时，晶片在发射电脉冲的作用下做强迫振动，产生超声波；同时又因阻尼块的影响做阻尼振动，缩短超声脉冲宽度。当电脉冲的频率与晶片的固有频率越接近时，晶片的电声转换效率越高，二者相同时，转换效率最高。超声检测所使用探头的固有频率各不相同，为使超声检测仪能与不同频率的探头匹配，达到最佳的转换效率，仪器的发射电路所产生的发射电脉冲信号必须有很宽的频带，即发射信号的脉冲必须很窄。

2.1.2　机械波和声波

机械振动在介质中传播形成机械波。有一种特别的介质，由以弹性力保持平衡的各个质点构成，称为弹性介质，其简化的模型如图 2.3 所示。当某一质点受到外力作用时，便在其平衡位置附近振动。由于所有质点都是彼此联系的，该质点的振动会引起周围质点的振动，使机械振动传播出去。这种在弹性介质中传播的机械振动称为弹性波，即声波。

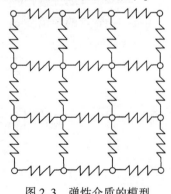

图 2.3　弹性介质的模型

可见，声波的产生需要两个条件：振动源和弹性介质。当振动源做谐振动时，所产生的波称为简谐波，这是最简单、最基本的声波。简谐波在无限大均匀理想介质中传播时，介质中任意一点在任意时刻的位移为

$$y = A\cos(\omega t - kx) \tag{2.3}$$

式中　y——质点的位移，m；

　　　A——质点的振幅，m；

　　　ω——角频率，$\omega = 2\pi f$；

　　　k——波数，$k = \omega / c = 2\pi / \lambda$；

　　　x——任意一点离振动源的距离，m。

波长是波在一个完整周期内所传播的距离，用 λ 表示，单位为米（m）。图 2.4 为简谐波的波长示意图。

波长 λ 与声波传播速度 c 与振动频率 f 之间的关系为

$$\lambda = \frac{c}{f} \tag{2.4}$$

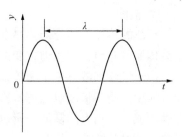

图 2.4　简谐波的波长示意图

又因为 $f = 1/T$，则 $\lambda = c \cdot T$。

2.2　超声波

人们能感觉到的声音是机械波传到人耳引起耳膜振动的反应，能引起听觉的机械波的频率范围为 20Hz~20kHz。超声波是频率高于 20kHz 的机械波[1]。

2.2.1　超声波的分类

（1）超声波的波型。

根据质点的振动方向与声波的传播方向之间的关系，可将波动分为多种波型，在超声波检测中主要应用的波型有纵波、横波、表面波和板波。

① 纵波。

波的传播方向与质点的振动方向一致的波称为纵波，又称为压力波。图 2.5 为纵波传播示意图，从图中可以看出，当弹性介质受到交变的拉应力和压应力作用时，会产生交替的伸缩变形，从而产生振动并在介质中传播。在波的传播方向上，质点的密集区和疏松区是交替存在的，所以纵波也称疏密波、压缩波。

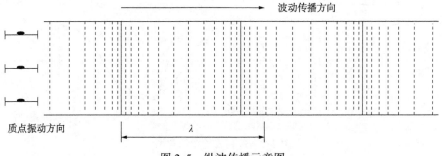

图 2.5　纵波传播示意图

纵波可在气体、液体和固体中传播。纵波是超声检测中最常用的波型，在锻件、铸件、板材等的检测中应用广泛，常用于检测与工件表面平行的不连续性。由于纵波的激励最容易实现，在应用其他波型时，常利用纵波通过波型转换得到所需的波型，再进行所需波型的超声检测。

② 横波。

声波的传播方向与质点的振动方向垂直的声波称为横波，图2.6为横波传播示意图。横波传播时介质会产生剪切变形，故又称剪切波、切变波。

由于气体和液体中不能传播剪切力，因此，横波只能在固体介质中传播，不能在气体和液体中传播。横波也是超声检测最常用的波型之一，一般由纵波经波型转换激励出与工件表面成一定角度的横波，所以其特别适合检测与工件表面倾斜的不连续性。横波常用于焊缝、管材等结构的检测。

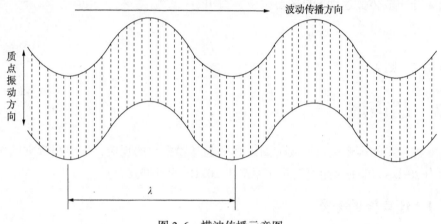

图2.6　横波传播示意图

③ 表面波。

在半无限大固体介质的界面及其附近传播而不深入到固体内部传播的波型统称为表面波。瑞利波为在半无限大的固体介质与气体或液体介质的界面及其附近传播的波型，所以它是表面波的一种。瑞利波的传播如图2.7所示。质点的振动轨迹为椭圆，椭圆的长轴与波的传播方向垂直，短轴与波的传播方向一致。椭圆振动可视为纵向振动和横向振动的合成，即纵波和横波的合成，所以，与横波一样，瑞利波也只能在固体介质中传播。

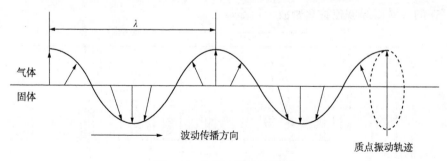

图2.7　瑞利波传播示意图

超声检测所用的表面波主要是瑞利波。由于瑞利波传播时随着穿透深度的增加，质点能量迅速衰减，其穿透深度约为一个波长左右，因此，瑞利波只能用来检测工件的表面和近表面的不连续性。瑞利波可以沿圆滑曲面传播而没有反射，对表面裂纹具有很高的灵敏度。

④ 板波。

如果固体物质尺寸进一步受到限制而成为板状，且其板厚与波长相当，则纯表面波不会存在，其结果是产生各种类型的板波。最重要的板波是兰姆波。

兰姆波传播时，整个板厚内的质点都在振动。兰姆波有两种基本类型：质点相对于板的中间层进行对称型运动的称为对称型(S 型)，质点相对于板的中间层进行反对称型运动的称为反对称型(A 型)。图 2.8 为兰姆波示意图。兰姆波在薄板检测中应用很广泛。

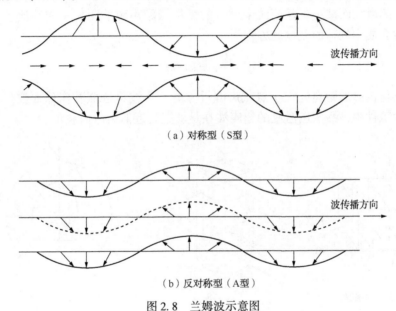

（a）对称型（S型）

（b）反对称型（A型）

图 2.8　兰姆波示意图

（2）超声波的波形。

所谓波形，是指声波的波阵面形状。波阵面是指在同一时刻介质中振动相位相同的所有质点所构成的面。根据波阵面的形状（波形），可将波动分为平面波、球面波、柱面波和活塞波。

① 平面波。

波阵面为平面的声波称为平面波[图 2.9(a)]。一个做谐振动的无限大平面在无限大的弹性介质中振动所产生的声波为平面波。如果介质是各向同性、无损耗的，即均匀、理想的，则平面波质点的振幅不随与声源的距离 x 的增加而衰减。理想平面波的波动方程为

$$y = A\cos(\omega t - kx) \tag{2.5}$$

理想的平面波是不存在的，当声源平面的二维尺寸远大于声波的波长时，该声源所发射的声波可近似看作平面波。在超声检测中，探头向工件中辐射超声波时，探头表面附近区域内的超声波近似为平面波。

② 柱面波。

波阵面为同轴圆柱面的声波称为柱面波[图2.9(b)]。当声源为一无限长的线状直柱时，在无限大均匀理想的弹性介质中振动所产生声波的波阵面是以声源为中心的同轴圆柱面，且柱面波各质点的振幅与距声源的距离 x 的平方根成反比。在无限大均匀理想的弹性介质中的柱面波波动方程为

$$y = \frac{A}{\sqrt{x}}\cos(\omega t - kx) \tag{2.6}$$

③ 球面波。

波阵面为球面的声波称为球面波[图2.9(c)]。当声源为点状球体时，在无限大的弹性介质中振动所产生声波的波阵面是以声源为中心的同心圆球面。单位面积上的能量会随与声源的距离 x 的增加而减小。球面波中质点的振幅与距声源的距离 x 成反比。在无限大均匀理想的弹性介质中的球面波波动方程为

$$y = \frac{A}{x}\cos(\omega t - kx) \tag{2.7}$$

当观察点与声源的距离远大于点状声源尺寸时，声波可近似看作球面波。所以，在超声检测大尺寸工件中，探头所激励的超声波在足够远处近似为球面波。

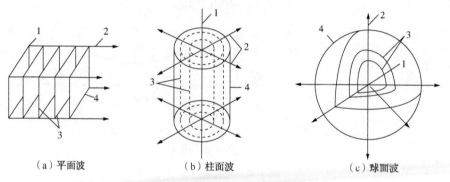

（a）平面波　　　　　（b）柱面波　　　　　（c）球面波

图2.9　波线、波前与波阵面

1—波源；2—波线；3—波阵面；4—波前

④ 活塞波。

在超声检测中，声源（即产生超声波的探头）尺寸既不能看成很大，也不能看成很小，所以，其产生的超声波既不是平面波，也不是球面波，而是介于二者之间的波形，称为活塞波。在离声源较近处，波阵面较复杂，质点的位移难以简单描绘；在离声源较远处，波阵面为近似球面，质点的位移可近似用球面波的波动方程描绘，使计算极为简单。这正是超声检测中用计算法进行灵敏度调整和对不连续性进行当量评定的理论基础。

（3）连续波与脉冲波。

连续波是质点振动时间为无穷的波[图2.10(a)]，最常见的连续波是正弦波。脉冲波是质点振动持续时间很短的波，短到只有一到几个周期[图2.10(b)]。

超声检测中应用最广的是脉冲波，与连续波相比，脉冲波的瞬间功率高、平均功率低，因此脉冲波的穿透力强，又不会损害被检测对象及探头；脉冲波的脉冲宽度窄，所以检测

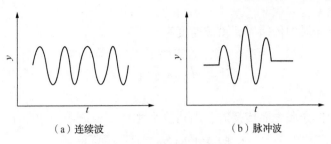

（a）连续波　　　　　　　　　（b）脉冲波

图2.10　连续波与脉冲波

分辨率高。当然连续波也有特殊的用途，如共振法检测等。

一个时域中的脉冲波可分解为多个不同频率的简谐波，并可根据不同频率的幅度绘制频率—幅度曲线，称为频谱，这就是频谱分析法。图2.11为频谱分析示意图。从图中可以看出，峰值频率为频谱曲线最高点对应的频率，用f_p表示；通常以峰值两侧幅度下降6dB对应的两点频率f_1和f_u之差为频带宽度；该两点频率f_1和f_u的中央对应的频率称为中心频率，用f_c表示。可见，单一频率的连续波频谱为δ函数；宽度越窄的脉冲信号的频带越宽；反之，宽度越宽的脉冲信号的频带越窄。

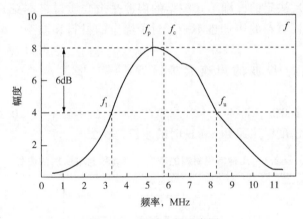

图2.11　频谱分析示意图

2.2.2　超声波的传播速度

超声波在介质中的传播速度简称为声速，用c表示。声速是介质的重要声学参数，取决于介质的性质(如密度、弹性模量等)，还与超声波的波型有关。

(1) 纵波声速C_1。

在无限大固体介质中传播时，纵波速度为

$$C_1 = \sqrt{\frac{E}{\rho}} \sqrt{\frac{1-\sigma}{(1+\sigma)(1-2\sigma)}} \tag{2.8}$$

在无限大液体和气体介质中，纵波声速为

$$C_1 = \sqrt{\frac{K}{\rho}} \tag{2.9}$$

（2）横波声速 C_t。

在无限大固体介质中传播时，横波速度为

$$C_t = \sqrt{\frac{E}{\rho}} \sqrt{\frac{1}{2(1+\sigma)}} \qquad (2.10)$$

（3）瑞利波声速 C_R。

在半无限大固体介质表面传播时，瑞利波速度为

$$C_R = \frac{0.87 + 1.112\sigma}{1-\sigma} \sqrt{\frac{E}{\rho}} \sqrt{\frac{1}{2(1+\sigma)}} \qquad (2.11)$$

式中　E——介质的杨氏弹性模量，等于介质承受的拉应力 F/S 与相对伸长 $\Delta L/L$ 之比，即 $E = (F/S)/(\Delta L/L)$；

　　　　ρ——介质的密度，等于介质的质量 M 与其体积 V 之比，即 $\rho = M/V$；

　　　　σ——介质的泊松比，等于介质横向相对缩短 $\varepsilon_1 = \Delta d/d$ 与纵向相对伸长 $\varepsilon = \Delta L/L$ 之比，即 $\sigma = \varepsilon_1/\varepsilon$；

　　　　K——气体、液体介质的体积弹性模量。

可见即使在相同的固体介质中，以上三种波型的声速各不相同，每种波型的声速是由介质的弹性性质、密度决定的，即给定波型的声速是由介质材料本身的性质决定的，而与声波的频率无关。不同材料的声速也不同。对于给定的材料和波型，声波的频率越高，波长越短。

对同一固体材料，纵波的声速大于横波声速，横波声速大于瑞利波声速，即 $C_l > C_t > C_R$。

以钢为例，$C_l \approx 1.8C_t$，$C_R \approx 0.9C_t$，即 $C_l : C_t : C_R \approx 1.8 : 1 : 0.9$。

几种常见材料的密度、声速和 5MHz 时的波长见表 2.1。

表 2.1　几种常见材料的密度、声速和 5MHz 时的波长

材料	密度 g/cm³	纵波		横波	
		C_l，m/s	λ，mm	C_t，m/s	λ，mm
铝	2.69	6300	1.3	3130	0.63
钢	7.8	5900	1.2	3200	0.64
有机玻璃	1.18	2700	0.54	1120	0.22
甘油	1.26	1900	0.38	—	—
水（20℃）	1.0	1500	0.30	—	—
油	0.92	1400	0.28	—	—
空气	0.0012	340	0.07	—	—

（4）兰姆波声速。

与无限大均匀介质中传导的纵波和横波不同，在薄板中传导的兰姆波的传播速度与板厚和频率有关。这种速度随频率变化的现象称为频散。对特定的板厚和频率，又有对称模式和非对称模式的兰姆波，不同模式兰姆波的声速也不相同。

兰姆波在板中传播的速度有相速度和群速度之分。相速度是指沿传导方向上相位移动

的速度；群速度则是指声能的传播速度。在无限大均匀介质中传导的纵波和横波，其相速度与群速度相同；而对板中传导的兰姆波，相速度和群速度相差很大。

由此可见，兰姆波的声速与频率、厚度和模式有关。

（5）声速的变化。

对纵波、横波和瑞利波而言，声速是由介质的材料性能（包括物理性能和力学性能）决定的。对特定介质和特定波型而言，声速是个常量。当介质的应力、流量、孔隙率或晶粒度变化时，其物理性能（如密度）、力学性能（如弹性模量）也会变化，因而声速也会变化。因此，可以先建立声速与应力、流量、孔隙率或晶粒度之间的关系，然后通过测量介质的声速来测量介质的应力、流量、孔隙率或晶粒度等参量。典型应用是紧固螺栓轴向应力的超声测量（图 2.12）。

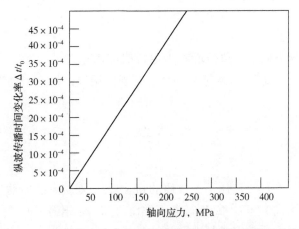

图 2.12　螺栓轴向应力与纵波传播时间变化率的关系曲线

从图 2.12 中可以看出，随着螺栓轴向应力的增加，纵波的传播时间也增加，因而速度减小，二者呈线性关系。同样的原理还可用于液体流量、球墨铸铁球化率等的超声测量。

当介质的温度变化时，其物理和力学性能也将变化，导致声速改变。例如，有机玻璃、聚乙烯的纵波声速随着温度的升高而降低（图 2.13）。在使用有机玻璃斜楔探头检测时，如温度发生变化，应注意由声速变化引起折射角的变化，因为这将引起不连续性定位误差。

当介质存在各向异性时，由于不同方向的性能不同，因而声速也不同。例如，使用超声检测粗晶粒奥氏体不锈钢，超声波沿不同角度传导时，其声速也不同。

2.2.3　声压、声强和声阻抗

介质中有超声波传播的区域称为超声场，声场的特性可用声压、声强和声阻抗三个参量来描绘。

（1）声压。

当声波在介质中传导时，介质中某一点在某一时刻的压强与没有声波传导时该点的静压强之差，称为

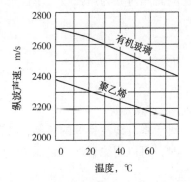

图 2.13　有机玻璃、聚乙烯的
纵波声速与温度的关系

声压，用 p 表示，单位为帕斯卡(Pa)。声场中的声压是时间和位置的函数。对无限大均匀理想介质中传导的谐振平面波，声压为

$$p = p_0 \sin(\omega t - kx) = \rho cu \tag{2.12}$$

式中　　p_0——声压幅度，$p_0 = \rho cA\omega$；

ρ ——介质密度；

c ——介质声速；

ω ——角频率；

u ——质点振动速度。

衡量声波强弱的主要参数是声压幅度，所以通常将声压幅度称为声压。超声检测仪的显示屏上显示的信号高度与信号的声压幅度成正比，所以两信号的高度之比等于其声压之比。

(2) 声强。

在垂直于声波传导方向上，单位面积上单位时间内通过的声能称为声强，也称为声的能流密度，用 I 表示，单位为瓦/米²(W/m^2)。对于谐振波，将一个周期内能流密度的平均值作为声强：

$$I = \frac{p_0^2}{2\rho c} \tag{2.13}$$

(3) 声阻抗。

由式(2.12)可知，在同一声压下，介质的 ρc 越大，则质点的振动速度 u 越小。再将声强表达式与电功率表达式 $W = U^2/R$ 进行电声类比可知，ρc 相当于电学中的电阻 R，所以把 ρc 定义为声阻抗，表示介质的声学特性。

在描述超声波的反射特性以及解释不同类型不连续性的检测灵敏度差异时，声阻抗是一个重要的概念。

2.2.4　声波幅度的分贝表示

通常规定引起听觉的最小声强 $I_1 = 10^{-16} W/cm^2$ 为声强的标准，某声强 I_2 与标准声强 I_1 之比的常用对数为声强级，单位为贝尔(Bel)。

$$\Delta = \lg \frac{I_2}{I_1} ，\text{Bel} \tag{2.14}$$

在实际应用中，单位 Bel 太大，故取其 1/10 作为单位，即分贝(dB)。

$$\Delta = 10\lg \frac{I_2}{I_1} = 20\lg \frac{p_2}{p_1}，\text{dB} \tag{2.15}$$

对于垂直线性良好的仪器，波高之比等于声压之比，因此在超声检测中比较两个波的大小时，可以用二者波高之比 H_2/H_1 的常用对数的 20 倍表示，单位为 dB。

$$\Delta = 20\lg \frac{p_2}{p_1} = 20\lg \frac{H_2}{H_1}，\text{dB} \tag{2.16}$$

几个常用的波高或声压之比对应的 dB 值见表 2.2。

表2.2 几个重要的 Δ 值

p_2/p_1	100	10	8	4	2	1	1/2	1/4	1/8	1/10	1/100
Δ，dB	40	20	18	12	6	0	-6	-12	-18	-20	-40

2.3 超声波的传播

声波传播时，如遇到不同介质组成的异质界面，将发生能量重新分布、传播方向改变和波型转换等现象。

2.3.1 超声波的波动特性

（1）波的叠加。

同时在介质中传导的几列声波在某时刻、某点处相遇，则相遇处介质质点的振动是各列声波引起振动的合成。合成声场的声压为各列声波声压的矢量和，这就是声波的叠加原理。

（2）波的干涉。

当两列传播方向相同、频率相同、相位差恒定的声波相遇时，声波叠加的结果为发生干涉现象。合成声场的声压在某些位置始终加强，最大幅度为两列声波声压幅度之和；而另一些位置始终减弱，最小幅度为两列声波声压幅度之差。

合成声波的频率与这两列声波相同。

（3）波的共振。

两列频率相同、振幅相同的波沿相反方向传播时，声波干涉的结果形成驻波，产生共振［图2.14(a)］。在波线上某些点波幅始终最大，称为波腹；另一些点则始终静止不动，振幅为0，称为波节。相邻两波腹和波节之间的距离为波长的一半［图2.14(b)］。

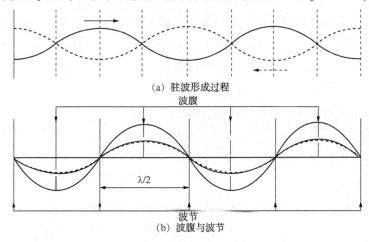

(a) 驻波形成过程
(b) 波腹与波节
图2.14 驻波形成示意图

当连续超声波垂直入射于两互相平行界面时，会产生多次反射。当两界面间的距离为半波长的整数倍时，形成强烈的驻波，产生共振。超声探头就是基于共振原理工作的。当晶片的厚度为半波长的整数倍时，晶片发生共振，以最高的效率向工件中激励超声波，此时的频率即为晶片的固有频率。超声测厚的方法之一也是基于共振原理，利用共振时工件厚度与波长的关系测厚。

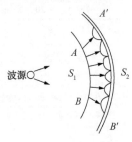

图 2.15　惠更斯原理
示意图

（4）惠更斯原理。

惠更斯原理是由荷兰物理学家惠更斯于 1960 年提出的一项理论，它的基本思想如下：对于连续弹性介质，任何一点的振动将引起相邻质点的振动，波前在介质中达到的每一点都可以看作新的波源向前发出球面子波(图 2.15)。

（5）衍射。

声波在弹性介质中传播时，如遇到障碍物，当障碍物的尺寸与波长大小相当时，声波将绕过障碍物，但波阵面将发生畸变，这种现象称为衍射或绕射。图 2.16 为衍射示意图。

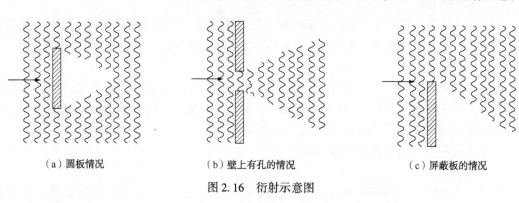

（a）圆板情况　　　　　　（b）壁上有孔的情况　　　　　　（c）屏蔽板的情况

图 2.16　衍射示意图

2.3.2　超声波垂直入射到异质界面时的反射和透射

本节讨论了超声波在几种不同介质形成的界面(即异质界面)上的传播特性。超声波的入射方向有垂直和倾斜之分；界面的形状有平面和曲面之分；界面的数量有单层和多层之分。为简单起见，以平面波为例，本节所称界面为大平面。

2.3.2.1　单层界面

由两种介质形成的界面称为单层界面(图 2.17)。

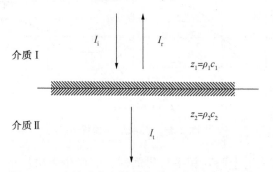

图 2.17　声波垂直入射到大平面时的反射和透射

入射声波(声强为 I_i)从介质 I 垂直入射到由介质 I 和 II 构成的大平界质界面时,将发生反射和透射现象,即部分声能被反射形成反射波(声强为 I_r),沿与入射波相反的方向在介质 I 中传导;部分声能透过界面,沿与入射波相同方向在介质 II 中传播,形成透射波(声强为 I_t)。

(1) 根据平面波的传播规律,对于理想弹性介质,可推导描述反射和透射程度的关系式。

① 声压反射率 r_p 为反射波声压 p_r 与入射波声压 p_i 之比。

$$r_p = \frac{p_r}{p_i} = \frac{Z_2 - Z_1}{Z_2 + Z_1} \tag{2.17}$$

其中,Z_1 为介质 I 的声阻抗,Z_2 为介质 II 的声阻抗。

② 声压透射率 t_p 为透射波声压 p_t 与入射波声压 p_i 之比。

$$t_p = \frac{p_t}{p_i} = \frac{2Z_2}{Z_2 + Z_1} \tag{2.18}$$

两者间的关系为

$$1 + r_p = t_p \tag{2.19}$$

③ 声强反射率 r_I 为反射波声强 I_r 与入射波声强 I_i 之比。

$$r_I = \frac{I_r}{I_i} = \left(\frac{Z_2 - Z_1}{Z_2 + Z_1}\right)^2 = r_p^2 \tag{2.20}$$

④ 声强透射率 t_I 为透射波声强 I_t 与入射波声强 I_i 之比。

$$t_I = \frac{I_t}{I_i} = \frac{4Z_1 Z_2}{(Z_2 + Z_1)^2} = \frac{Z_1}{Z_2} t_p^2 \tag{2.21}$$

根据能量守恒定律,$I_i = I_r + I_t$,由式(2.20)和式(2.21)可得

$$r_I + t_I = 1 \tag{2.22}$$

(2) 根据两种介质的特征声阻抗 Z 的大小对比,分三种情况讨论。

① $Z_1 \approx Z_2$,则 $r_p \approx 0$,$t_p \approx 1$。

即当两种介质的声阻抗很接近时,几乎全透射,极少反射。例如,由碳素钢[$Z_{碳素钢} = 4.6 \times 10^7 \, \text{kg}/(\text{m}^2 \cdot \text{s})$]和不锈钢[$Z_{不锈钢} = 4.57 \times 10^7 \, \text{kg}/(\text{m}^2 \cdot \text{s})$]制成的复合板,假设二者结合完美,从碳素钢一侧检测时,

$$r_p = \frac{Z_{不锈钢} - Z_{碳素钢}}{Z_{不锈钢} + Z_{碳素钢}} = -0.003 \, ; \quad t_p = \frac{2Z_{不锈钢}}{Z_{不锈钢} + Z_{碳素钢}} = 0.997$$

该界面的声压反射率很低,声压透射率接近 1,所以界面反射回波非常少,几乎全透射。

② $Z_1 \gg Z_2$,则 $r_p \approx -1$,$t_p \approx 0$。

即当介质 I 的声阻抗远大于介质 II 时,几乎全反射,极少透射。例如,由钢[$Z_{钢} = 4.6 \times 10^7 \, \text{kg}/(\text{m}^2 \cdot \text{s})$]和水[$Z_{水} = 1.5 \times 10^6 \, \text{kg}/(\text{m}^2 \cdot \text{s})$]形成的界面,超声波从钢中垂直入射到钢/水界面时,可得

$$r_p = \frac{Z_{水} - Z_{钢}}{Z_{水} + Z_{钢}} = -0.935 \, ; \quad t_p = \frac{2Z_{水}}{Z_{水} + Z_{钢}} = 0.065$$

可见，该界面的声压反射率的绝对值接近 1，声压透射率很低，所以界面透射波非常少，几乎全反射。

③ $Z_1 \ll Z_2$，则 $r_p \approx 1$，$t_p \approx 2$。

即当介质 Ⅰ 的声阻抗远小于介质 Ⅱ 时，几乎全反射，极少透射。以水和钢为例，声波从水中垂直入射到水/钢界面，则

$$r_p = \frac{Z_{钢} - Z_{水}}{Z_{水} + Z_{钢}} = 0.935 \; ; \; t_p = \frac{2Z_{钢}}{Z_{钢} + Z_{水}} = 1.935$$

值得注意的是，此时声压透射率虽然大于 1，但是由于声强与声阻抗成反比，而钢的声阻抗远大于水，所以从能量分布的角度看，透射波的能量还是很低。

可见，两种介质的特征声阻抗差别越大（即材质差别越大），声压反射率越大，因而反射波信号越强，越容易被检测；当两种介质的特征声阻抗差别接近无穷大时，声压反射率就接近最大值 1，即全反射，这时，反射波信号最强，因而也最容易被检测。这就是金属材料中的气孔和裂纹类不连续性在超声波的入射方向合适时容易被检测的道理。

对于反射法检测技术，声压往返透过率更有意义。图 2.18 显示了声压往返透过率的情况，从图中可以看出，超声波入射到两种介质的界面后透过界面，然后被反射体全部反射，沿相反的方向再次透过界面，被探头接收。所谓声压往返透过率就是反向透射波声压 p'_r 与入射波声压 p_i 之比。

$$T_p = \frac{p'_r}{p_i} = t_{p1} t_{p2} = \frac{4Z_1 Z_2}{(Z_1 + Z_2)^2} \tag{2.23}$$

2.3.2.2 多层界面

在超声检测中，还会遇到两个或两个以上界面的情况，下面以三种介质（Ⅰ、Ⅱ、Ⅲ）形成互相平行的两个平界面（图 2.19）为例进行讨论。当声波从介质 Ⅰ 依次垂直入射到两个界面时，将依次在这两个界面上发生反射和透射现象。这里重点考虑薄介质层的情况，即介质 Ⅱ 的厚度较薄。

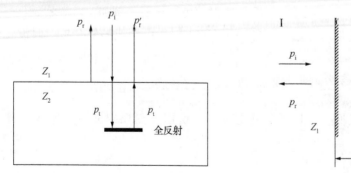

图 2.18　声压往返透过率　　　　图 2.19　在介质层上垂直入射时的反射和透射

（1）$Z_1 = Z_3 \neq Z_2$，即均匀介质中的异质薄层。

这种情况在检测均匀材料中的分层、裂纹等不连续性时会发生。经推导，总的声压反射率（r_p）和透射率（t_p）分别为

$$r_{\mathrm{p}} = \frac{p_{\mathrm{r}}}{p_{\mathrm{i}}} = \sqrt{\frac{\dfrac{1}{4}\left(m - \dfrac{1}{m}\right)^2 \sin^2 \dfrac{2\pi d}{\lambda_2}}{1 + \dfrac{1}{4}\left(m - \dfrac{1}{m}\right)^2 \sin^2 \dfrac{2\pi d}{\lambda_2}}} \tag{2.24}$$

$$t_{\mathrm{p}} = \frac{p_{\mathrm{t}}}{p_{\mathrm{i}}} = \sqrt{\frac{1}{1 + \dfrac{1}{4}\left(m - \dfrac{1}{m}\right)^2 \sin^2 \dfrac{2\pi d}{\lambda_2}}} \tag{2.25}$$

式中　m——介质 I、II 的声阻抗之比，其值为 Z_1/Z_2；

　　　d——介质薄层 II 的厚度；

　　　λ_2——介质薄层 II 中的波长。

① 当 $d = n \cdot (\lambda_2/2)$（$n$ 为整数）时，$r_{\mathrm{p}} \approx 0$，$t_{\mathrm{p}} \approx 1$。

即当不连续性的厚度为半波长的整数倍时，几乎全透射而无反射，理论上会被漏检。但实际上可能性较低，因为不连续性的厚度不一定均匀；加之超声波有多个频率（即多个波长）成分，不连续性的厚度正好等于半波长整数倍的情况很难出现。

② 当 $d = (2n - 1) \cdot (\lambda_2/4)$（$n$ 为整数）时，$r_{\mathrm{p}} \approx 1$，$t_{\mathrm{p}} \approx 0$。

即当不连续性的厚度为 1/4 波长的奇数倍时，几乎全反射而无透射，因而极易检测。

③ 当 $d \ll \lambda_2$ 时，$r_{\mathrm{p}} \approx 0$，$t_{\mathrm{p}} \approx 1$。

即当不连续性的厚度很薄时，几乎全透射而无反射，因而容易出现漏检。

（2）$Z_1 \neq Z_3 \neq Z_2$，即薄层两侧介质不同。

声强透过率为

$$t_{\mathrm{I}} = \frac{4Z_1 Z_3}{(Z_1 + Z_3)^2 \cos^2 \dfrac{2\pi d}{\lambda_2} + \left(Z_2 + \dfrac{Z_1 Z_3}{Z_2}\right)^2 \sin^2 \dfrac{2\pi d}{\lambda_2}} \tag{2.26}$$

① $d = n \cdot (\lambda_2/2)$（$n = 1, 2, 3, \cdots$）时，$t_{\mathrm{I}} = 4Z_1 Z_3/(Z_1 + Z_3)^2$。

即当薄层的厚度为超声波在其中的半波长的整数倍时，声强透过率仅取决于薄层两侧介质的声阻抗，与薄层性质无关，如同薄层不存在一般。

② 当 $d = (2n - 1) \cdot (\lambda_2/4)$（$n = 1, 2, 3, \cdots$）且 $Z_2 = \sqrt{Z_1 Z_3}$（称为阻抗匹配）时，$t_{\mathrm{I}} = 1$。

即当薄层的厚度为声波 1/4 波长的奇数倍且阻抗匹配时，超声波完全透射。直探头保护膜便是依据这一原理设计的。

③ 当 $d \ll \lambda_2$ 时，$t_{\mathrm{I}} = 4Z_1 Z_3/(Z_1 + Z_3)^2$。

即当薄层的厚度很薄时，声强透过率仅取决于薄层两侧介质的声阻抗，与薄层性质无关，如同薄层不存在一般。基于这一原理可知，在平表面工件超声检测时，耦合剂的厚度应尽量薄，以便提高声能的透射率。

2.3.3　超声波的衰减

超声波在介质中传播时，声压和声能随距离的增加逐渐减小的现象称为超声波的衰减。超声波衰减的主要原因有三个——扩散、吸收和散射，由此引起的衰减分别称为扩散衰减、吸收衰减和散射衰减。其中，扩散衰减是由声场本身的特性引起的；吸收衰减和散射衰减则是由介质材料引起的，与声场特性无关。

（1）扩散衰减。

扩散衰减是由于声束扩散（即随着到声源距离的增加声束的截面不断增大）使单位面积上的声能不断减少造成的。扩散衰减仅取决于波阵面的形状，与介质的性质无关。在无穷大均匀理想介质中，球面波的声压与到声源的距离成反比；柱面波的声压与到声源距离的平方根成反比；平面波的声压不随到声源距离而变化，所以不存在扩散衰减。

超声平面探头发射的超声波都属于活塞波，在近声源区近似为平面波，而远离声源后便可视为球面波，由于扩散，声压不断减小。

（2）吸收衰减。

超声波在介质中传播时，将发生吸收现象并造成吸收衰减。吸收衰减主要来自三个方面：一是由热传导引起的声吸收；二是介质的内摩擦引起的声吸收；三是弹性损失。吸收衰减用吸收衰减系数 α_a 表示，其与频率成正比。

$$\alpha_a = C_1 f \tag{2.27}$$

式中　f——超声波频率；

　　　C_1——常数。

（3）散射衰减。

超声波传播过程中遇到障碍物时，如果障碍物的尺寸远比超声波的波长大，将会发生反射和折射；如果障碍物的尺寸与波长大小相当或比波长小（如金属晶粒），超声波将发生显著的绕射现象，造成能量损失，称为散射衰减。超声波被散射后向多个方向辐射，其中一部分被探头接收，形成杂波信号（即噪声），降低了检测信噪比。

散射衰减系数 α_s 取决于晶粒平均尺寸 d 与超声波波长 λ 的相对比值。

① 当 $d \ll \lambda$ 时，

$$\alpha_s = C_2 F d^3 f^4 \tag{2.28}$$

② 当 $d \approx \lambda$ 时，

$$\alpha_s = C_3 F d f^2 \tag{2.29}$$

③ 当 $d \gg \lambda$ 时，

$$\alpha_s = C_4 F \frac{1}{d} \tag{2.30}$$

式中　C_2，C_3，C_4——常数；

　　　F——各向异性系数。

吸收衰减和散射衰减都是由材质的因素引起的，综合二者，由材质引起的衰减系数 α 为

$$\alpha = \alpha_s + \alpha_a$$

因此，对平面波而言，若考虑材质衰减的因素，则声压的表达式为

$$p_x = p_0 e^{-\alpha x} \tag{2.31}$$

式中　x——声程。

可见，超声波在介质中传导时，由于材质衰减的原因，其声压随着传导距离的增加而以指数规律衰减。

2.4 超声波的声场

超声换能器(又称超声探头)向介质中辐射超声波的区域称为声场，通常用声压分布来描绘。超声波的声场是了解声束形状和远场规则反射体的反射回波声压计算以及用计算法调整灵敏度和不连续性定量评定的理论基础。

2.4.1 圆形声源辐射的连续纵波声场

(1) 声轴线上的声压分布。

圆形晶片在连续波信号的均匀激励下向无限大均匀理想液体介质中辐射超声波建立的声场是最简单、最基本的声场。晶片中心处的法线为声轴线。声轴线上每一点的声压是晶片每个微小单元辐射的声波在该点处的合成。声轴线上的声压表达式为

$$p(x) = 2p_0 \sin\left[\frac{\pi}{\lambda}\left(\sqrt{\frac{D^2}{4} + x^2} - x \right) \right] \tag{2.32}$$

式中 p_0 ——声源的初始声压；

λ ——传声介质中声波的波长；

D ——圆形声源的直径；

x ——声轴线上某一点到声源的距离，即声程。

声轴线上的声压随与声源距离的变化规律如图 2.20 所示。从图中可以看出，声轴线上的声压在极大值($2p_0$)和极小值(0)间起伏变化。最后一个极大值点处与声源的距离称为近场长度，用 N 表示。经推导可得

$$N = \frac{D^2 - \lambda^2}{4\lambda} \tag{2.33}$$

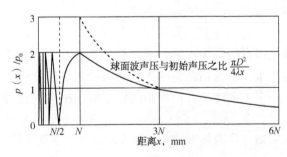

图 2.20 声轴线上的声压随与声源距离的变化规律

当 $D \gg \lambda$ 时， λ^2 可忽略，从而得到用于工程实际中计算近场长度的简化公式：

$$N = \frac{D^2}{4\lambda} \tag{2.34}$$

近场长度以内的区域称为近场区，也叫菲涅尔区。近场区内声束不扩散，但由于干涉，声轴线上的声压起伏变化。近场长度以外的区域称为远场区，也叫夫琅和费区。远场区声束扩散，声轴线上的声压随距离单调下降。在足够远($x > 3N$)处，式(2.31)可简化为

$$p(x) = p_0 \frac{\pi D^2}{4\lambda x} = p_0 \frac{A}{\lambda x} \tag{2.35}$$

式中　A——圆形晶片的面积。

可见，在足够远处，声轴线上的声压与距声源的距离成反比，这正是球面波的扩散衰减规律。

（2）指向性。

同样根据叠加原理，可推导出在足够远（$x > 3N$）处声场中任意一点的声压分布为

$$p(r, \theta) = \frac{p_0 A}{\lambda r}\left[\frac{2J_1(KR_s\sin\theta)}{kR_s\sin\theta}\right] \tag{2.36}$$

图 2.21 为圆盘形声源的声场指向性示意图。

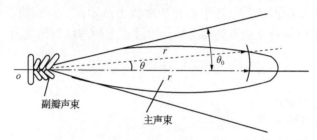

图 2.21　声场指向性示意图（圆盘形声源）

可见在足够远处，在与声源等距离的圆弧上，声轴线上的声压（也反映能量）最高，声场能量主要分布在以声轴线为中心的一定角度内，即主声束，也称主瓣；随着偏离声轴线角度的增加，声压在 0 与极大值之间起伏变化，且能量很低，称为副瓣。这种声束集中向一个方向辐射的性质称为声场的指向性，用指向角或半扩散角 θ_0 表示，远场中第一个声压为 0 对应的半扩散角 θ_0 为

$$\theta_0 = \arcsin\left(1.22\frac{\lambda}{D}\right) \tag{2.37}$$

半扩散角表示声场主声束的集中程度。超声检测正是利用主声束探测不连续性。半扩散角越大，声束扩散越严重，声场指向性越差，横向检测分辨率越差，不连续性定位误差越大；半扩散角越小，声束扩散越小，声场指向性越好，横向检测分辨率越好，不连续性定位误差越小。

从半扩散角表达式可知，检测频率越高，探头晶片越大，则半扩散角越小。

2.4.2　脉冲纵波声场

上文内容是在理想液体介质中晶片在连续波的均匀激励下产生的纵波声场的理论计算结果，因而计算简单，结果清晰。但实际超声检测中大多数应用的是脉冲波法，即激励晶片的信号是脉冲波而不是连续波；激励时往往是非均匀激励，中间幅度大，边缘幅度小，而不是均匀激励；被检材料大多数为固体介质，而不是液体介质。经研究发现，实际的脉冲纵波声场与理论的连续波声场相比，远场基本相同，近场有差别。与连续波声场近场因干涉使声压剧烈起伏变化的情形不同，脉冲声场近场的声压分布较均匀，幅度变化较小，

极大值点的数量也少。

经分析，其主要原因如下：激励脉冲包含许多频率成分，每个频率的信号激励晶片所产生的声场相互叠加，使总声压分布趋于均匀；声源的激励非均匀，中间幅度大，边缘幅度小，而干涉主要受边缘的影响大，所以非均匀激励时产生的干涉比均匀激励时小得多。

2.4.3 聚焦声源的声场

由 2.4.1 节的分析可知，圆形晶片发射的声束总是具有一定直径并随距离扩散的。为了进一步提高检测灵敏度，人们仿照光学中的聚焦技术，使声束汇聚，以得到局部的高能声束。

实现聚焦声束最常用的方法是利用声透镜。透镜形状可以是球面的或圆柱面的，球面透镜产生点聚焦声束，柱面透镜产生线聚焦声束（图 2.22）。

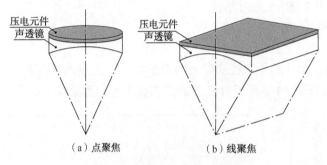

（a）点聚焦　　　　　（b）线聚焦

图 2.22　点聚焦与线聚焦示意图

由于干涉现象的存在，实际产生的聚焦声束并不是严格地汇聚为一个点或一条线，在声压最大值处附近一定尺寸的区域内，声压保持一定的幅度，形成一个聚焦区（图 2.23）。其中，声压最大值点称为焦点；焦点距声源的距离称为焦距；焦点处横截面上声压保持为最大声压的一定比例之上的声束宽度范围称为点聚焦的焦点直径（或线聚焦的焦区宽度）；声轴上焦点附近声压保持为最大声压的一定比例之上的声束长度范围称为焦区长度。

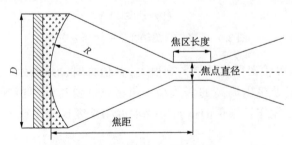

图 2.23　水浸点聚焦探头声场示意图

利用透镜制作水浸聚焦探头时，水中焦距 F 可表示为

$$F = \frac{R}{1 - \dfrac{C_水}{C_透}} \tag{2.38}$$

式中　　R ——透镜的曲率半径；

　　　　$C_水$ ——水中声速；

　　　　$C_透$ ——透镜中声速。

焦区长度、焦点直径(或焦区宽度)反映了聚焦探头聚焦区的大小，是可利用的主要声束范围。在该范围中，检测灵敏度和信噪比均明显高于非聚焦探头；但在该范围外，检测灵敏度下降很快，检测效果甚至可能不如非聚焦探头。

聚焦声场轴线上的声压分布可以反映出聚焦探头的聚焦效果。当焦距大于声源直径时，对于距声源充分远的声场区域，轴线上的声压 p 可近似以下式给出：

$$p = 2p_0 \sin\left[\frac{\pi}{2} \cdot B \cdot \frac{F}{x}\left(1 - \frac{x}{F}\right)\right] / \left(1 - \frac{x}{F}\right) \tag{2.39}$$

式中　　x ——声源轴线上某点到声源的距离；

　　　　B ——其值为 N/F，N 为近场长度。

当 $x = F$ 时，也就是在焦点位置，有

$$p = p_0 \pi B \tag{2.40}$$

式(2.40)表明，如果不考虑透镜带来的声能损失，焦点的声压相对于初始声压以大约 $3N/F$ 的倍数增长。图 2.24 显示了计算得到的焦点附近声源轴线上的声压分布。

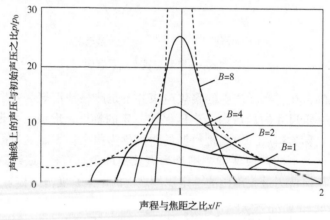

图 2.24　聚焦声源轴线上的声压分布图

从图中可以看出，B 值对聚焦效果影响很大，B 值大时，焦点处声压提高的倍数大，焦区短；B 值小时，焦点处声压提高的倍数小，焦区长。要达到声能在焦点附近明显集中，B 值至少为 3~4。为了制作长焦距的探头，要求近场长度也应足够大，因而必须加大探头晶片的直径。

参 考 文 献

[1]《国防科技工业无损检测人员资格鉴定与认证培训教材》编审委员会. 超声检测[M]. 北京：机械工业出版社，2005.

第3章 长距离输油管道超声波内检测实验系统

内检测系统的研制是长距离输油管道超声波内检测的关键技术之一。本章模拟管道工程检测环境和内检测系统的结构特点，搭建了长距离输油管道超声波内检测实验系统；提出了与被测管道工艺情况相适应的超声探头性能参数，设计了24个探头的安装与工作方式，构建了以超声探头和探头群支撑架为主体的超声检测子系统、数据采集与压缩存储子系统、计算机子系统、行走驱动子系统、电源子系统等。

3.1 内检测系统研制进展

国外最先将超声波技术引入管道腐蚀内检测系统的是日本NKK(日本钢管株式会社)和德国Pipetronix公司[1]，之后加拿大、美国等也相继研制了这类超声波内检测系统。与漏磁内检测系统相比，超声波内检测系统由于检测时不受管道壁厚的限制，它的出现被认为是管道检测技术的一大进步，现在许多国家的管道检测技术人员也都致力于这方面的研究。实践也证明，采用超声波检测法得出的数据确实比漏磁法更为精确[2]。

Cordell J L等人[3]研制的管道内检测系统如图3.1所示，包括主体检测舱和舱前后两个密封皮碗，主体舱内部包括传感器、数据处理装置、存储装置和电源装置。

Reber K等人[4]设计了用于长输油气管线维护工作的高分辨率超声在线管道内检测系统(图3.2)。该装置利用240个超声直探头检测管道金属腐蚀缺陷，利用360个斜探头检测管道裂缝缺陷，并且能够在线提取和存储缺陷特征。该管道内检测系统采用里程仪定位，并同步存储缺陷特征及其位置信息，最大作业距离为300km。

相比较而言，中国埋地管道检测技术的研究起步较晚，多年来没有成熟的、可应用于实际管道的智能内检测系统。有的管道技术公司买进国外的超声波内检测系统或漏磁内检测系统，然而使用过程中会出现很多问题，其中最大的问题如下：与国外的石油品质相比，中国的石油大部分是稠油，石油在管道内的结蜡较厚，每次探测都需清洗数次。但检测时在管壁上和

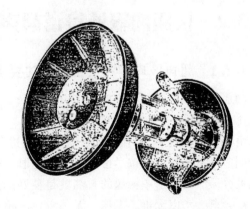

图3.1 Cordell J L研制的管道内检测系统

图 3.2　高分辨率超声在线管道内检测系统

液体介质中仍会有少量的蜡片存在，这些蜡片往往严重影响检测结果的准确性，从而导致检测精度降低；漏磁内检测系统虽然不受蜡片的影响，但其检测精度不如超声内检测系统高，对管道上的轴向裂缝检测还有一定的困难，而且漏磁技术是管道壁厚的间接检测方法，用其检测的数据实现管壁缺陷的直观显示也比较困难[5]。另一方面，国外管道检测公司实行技术垄断政策，多数不卖产品，而是按照检测里程收费，价格昂贵；只有少数公司愿意出售内检测系统，但设计复杂、价格昂贵，通常一套仪器几百万美元。中国的大部分油田都没有引进这种设备，而只是采用传统的管道外检测方法，无法对埋地管道腐蚀受损情况进行及时、准确的检测，从而造成了一些重大损失。

杨理践等人[6]在管道漏磁内检测系统的研制方面做了大量工作。2017 年，自主研发的"长输管道全方位超高清漏磁内检测系统"通过中国石油西部管道公司专家组的验收，实现了对管道轴向狭长缺陷、轴向裂纹和直焊缝裂纹的检测。但由于漏磁检测的特点，其一般用于输气管道，还需加大对适用于长距离输油管道的超声波内检测系统的研究力度。

长距离输油管道大多深埋于地下，采用密闭方式输送原油或成品油。由于地形地貌的限制，敷设时会大量使用弯头、弯管及焊接工艺，这对检测器的通过性提出了很高的要求。同时，实际管道运行工况复杂、检测条件恶劣(如原油中含蜡量很高造成的管壁结蜡，输油泵不稳定甚至是某个泵站突然中断运行造成的压力波动，管道某处堵塞或漏油造成的检测器走走停停等)，这些不稳定因素都会对检测结果产生极大影响。因此若对在役长输管道进行检测实验，成本很高，几乎无法进行回波信号处理技术的研究。

为了开发适用于长距离输油管道腐蚀内检测的工程样机，须模拟管道工程检测环境、多探头的安装与工作方式及仪器结构等特点，建立长距离输油管道超声波内检测实验系统。

3.2　长距离输油管道超声波内检测实验系统总体设计

3.2.1　超声波内检测实验系统的要求

(1) 能够模拟实际检测环境。

① 耦合剂。

由于超声波在空气中衰减很快，因此进行实际管道检测时，须有介质作为耦合剂。耦合剂应考虑选择声阻抗尽量大、易于变形、对人体无害并能紧密地填充在空隙间的液体或黏稠介质，而管道中输送的石油就是良好的声耦合剂。同样，在实验室进行模拟时，也须有耦合剂，水以无毒、无味、无刺激、对超声探头无腐蚀、稳定性好、方便获取等优势成为最佳选择。

② 液程。

超声探头与被测管道内壁间应保持一定的距离，以保证检测精度及检测器的通过性。

③ 管径。

中国在役输油管道管径主要有426mm、529mm、720mm等。本书针对ϕ426mm×(8~16)mm长距离输油管道的检测工况来设计超声内检测系统。

（2）能够模拟多探头的安装与工作方式。

由于管道超声检测环向全覆盖的要求，本章设计的24个超声探头只是一个基础，随着研究的深入，探头数目还要不断增加，这就要求探头的安装方式易于调整。另外，采取多探头根据安装的方式分时激发、分时接收回波信号的方法来抑制多探头接收的回波信号间的相互干扰。

（3）能够模拟内检测系统。

采取多节舱体级联的方式(每节舱体内放置一个关键的子系统)，提高检测器在管道内的通过性。

总之，超声波内检测实验系统不仅要能模拟以上各种检测环境及仪器结构等，还要能够实现检测信号的采集、放大与滤波、A/D转换、在线实时压缩与存储，检测任务完成后存储数据的传输、读取与处理，管道腐蚀状况的精确、直观显示与分析，行走驱动机构与不间断供电的电源，探头覆盖区域无漏检等。

3.2.2 超声波内检测实验系统的基本组成

长距离输油管道超声波内检测实验系统是一个集成机械、电子、计算机及嵌入式等技术的极其复杂的系统，主要包括超声检测子系统(超声探头与探头群支撑架)、数据采集与压缩存储子系统、计算机子系统、行走驱动子系统、电源子系统等(图3.3)。

3.2.3 超声波内检测实验系统的主要技术指标

（1）适用管道外径：ϕ426mm。

（2）管壁厚度：7.9mm。

（3）腐蚀管壁测厚精度：±0.5mm。

（4）最小可测缺陷：$10×10mm^2$。

（5）检测速度：7mm/s。

（6）检测对象：利用标准管段进行检验评估。

（7）检测方法：满足 NB/T 47013—2015《承压设备无损检测》标准。

（8）安全指标：符合国际和国内探伤安全标准。

3.2.4 超声波内检测实验系统的工作原理

超声波内检测实验系统的工作原理如图3.4所示。24个超声探头在同步脉冲信号的触发下，发出超声波信号，经被测管道内外壁多次反射、透射后接收。该信号

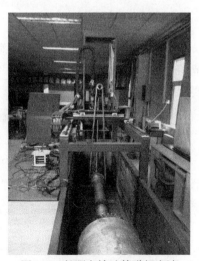

图3.3 长距离输油管道超声波内检测实验系统

首先送预处理单元放大、滤波、A/D 转换、数据压缩与缓存等，再传送给微处理器。微处理器负责读取缓存的超声检测数据、控制超声检测数据向信号存储单元(Flash)的写入与读出及通过网络传输给计算机子系统显示与分析。当检测完一段管道后，可将超声波内检测系统取出，利用离线分析软件对存储的数据进行处理，实现 A 扫描波形、管壁剩余厚度及缺陷分布情况的显示。

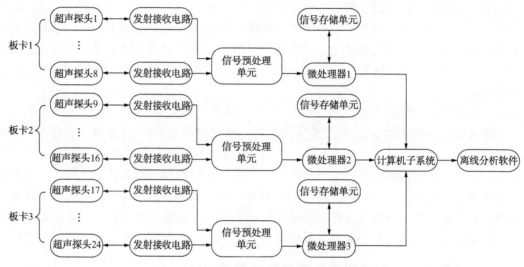

图 3.4　超声波内检测实验系统的原理框图

3.3　超声检测子系统

超声检测子系统主要由超声探头(24 个)和探头群支撑架组成。

3.3.1　超声探头

超声检测不但要实现缺陷的精确定位，还要得到可靠的缺陷尺寸，并使其在一定的误差范围内，这就要求所使用的超声探头必须能接收到最大的缺陷回波。因此在探头的设计上要考虑一些主要的性能参数。

3.3.1.1　探头的主要性能参数[7]

(1) 晶片尺寸 D 或 $a \times b$。

探头晶片的直径 D 或长度×宽度($a \times b$)的大小对声波的传输有极大的影响，如果出现形状的偏差或粘接不良造成的位置偏差，即使这些偏差很轻微，但由此产生的声能衰减即便用参考缺陷进行标定，也会产生严重的评估误差。

(2) 标称频率 f。

标称频率 f 为所有相同类型探头的均值频率。频率对反射回波的评定有极大的影响，甚至声速波形和反射特性(如反射角)等也与频率有很大关系。随着频率的增加，非垂直位置反射面对声束的反射回波减小。

（3）带宽 B 。

脉冲回波峰值两侧幅值下降 6dB 对应的两点频率 f_o 和 f_u 之差为频带宽度，简称带宽。

$$B = \frac{f_o - f_u}{f} \times 100\% \tag{3.1}$$

式中 f_o——幅值下降 6dB 的上限频率；

f_u——幅值下降 6dB 的下限频率；

f——标称频率。

例如，当 $B = 100\%$ 时，一个 4MHz 探头的 f_o 为 6MHz，而 f_u 为 2MHz。

带宽越大意味着脉冲回波越短、分辨率越高、穿透能力越强，这是因为低频脉冲比标称频率脉冲的衰减小。在高衰减情形下，与标称频率相比，随着距离的增加，反射信号的频率减小。这一点在进行缺陷检测时必须要加以考虑。因此每一个探头的带宽都要与所有探头的平均值相一致，或者说保证在一定的误差范围内。

（4）焦距 F 。

焦距 F 指的是产生最大回波的探头到小型反射面的距离。探头要进行聚焦以便探测小缺陷并得到最大的回波幅值，并且只有在探头的近场才可能聚焦。

（5）焦点直径 ϕ 。

焦点直径 ϕ 为在焦距或近场长度附近，声压值比主声轴下降 6dB 处到主声轴的距离。由于 $D \gg \lambda$ ，所以有

$$\phi = \frac{F \cdot C}{f \cdot D} = \lambda \frac{F}{D} \tag{3.2}$$

式中 C——超声波的传播速度。

3.3.1.2 超声波内检测实验系统的探头设计

（1）设计方案。

① 由于超声波在空气中衰减非常快，所以在实际检测时，探头始终处于耦合剂之中，应将探头设计为水浸式。

② 探头的工作频率（即发射脉冲的中心频率）。根据腐蚀管壁测厚精度 Δd 和超声波在实验室被测标准样管中的传播速度 v_{yg} ，可求出在保证测厚精度条件下超声 A 扫描波形中两相邻回波的最小时间间隔 Δt_{m1} ：

$$\Delta t_{m1} = 2 \times \frac{\Delta d}{v_{yg}} = 2 \times \frac{0.5 \times 10^{-3}}{6070} = 1.64745 \times 10^{-7} \text{ s} \tag{3.3}$$

由叠加原理可知，如果两个波形距离太近，则无法将两者的波峰分辨出来。据此可求出在保证相邻波峰可分辨条件下超声 A 扫描波形中两相邻回波的最小容许时间间隔 Δt_{m2} ：

$$1 + e^{-a(\Delta t_{m2})^2} - 2e^{-a\left(\frac{\Delta t_{m2}}{2}\right)^2} = \frac{1}{2^n - 1} \tag{3.4}$$

式中 a——A 波频域带宽因子；

n——模数转换器（Analog to Digital Converter，ADC）的位数，本书设计为 8。

由式（3.4）可求出

$$e^{-a\left(\frac{\Delta t_{m2}}{2}\right)^2} = 0.54081$$

则

$$\Delta t_{m2} = 2 \sqrt{-\frac{\ln 0.54081}{a}}$$

那么，两相邻回波的最小容许时间间隔 Δt_{m2} 与整幅 A 波持续时间 t 的比值 k 为

$$k = \frac{\Delta t_{m2}}{t} = \frac{2 \sqrt{-\dfrac{\ln 0.54081}{a}}}{2 \sqrt{-\dfrac{\ln(p\%)}{a}}} = \sqrt{\frac{\ln 0.54081}{\ln(p\%)}} \tag{3.5}$$

其中，$p\%$ 为某时刻 A 波幅值与整幅 A 波最大幅值间的百分比；一般工程上认为超声波能量衰减至最大能量的 2% 时，衰减完毕。因此，取 $p = 2$，由式 (3.5) 可得 $k = 0.39639$。

$$\Delta t_{m2} = kt = 0.39639t = 0.39639 \times 2 \sqrt{-\frac{\ln 0.02}{a}} = 0.79278 \sqrt{-\frac{\ln 0.02}{a}} \tag{3.6}$$

为保证测厚精度在 $\pm 0.5 \text{mm}$ 以内，需满足 $\Delta t_{m2} \leqslant \Delta t_{m1}$，即

$$0.39639t \leqslant 1.64745 \times 10^{-7}$$

可得

$$t \leqslant 4.15613 \times 10^{-7} \text{ s} \tag{3.7}$$

将式 (3.7) 代入式 (3.6) 可得

$$a \leqslant 9.059 \times 10^{13} \text{Hz}^2 = 90.59 \, (\text{MHz})^2$$

又因为整幅 A 波持续时间 t 与探头压电晶片固有振动周期 T 之间存在以下关系：

$$t = N \cdot T \tag{3.8}$$

其中 N 为实数。由于在整幅 A 波持续时间内超声波最少要完成一个周期的振动才能形成发射脉冲，所用 N 应满足不小于 1。

将式 (3.8) 代入式 (3.7) 可得

$$T \leqslant 4.15613 \times 10^{-7} \text{ s}$$

则探头的工作频率

$$f = \frac{1}{T} > \frac{1}{4.15613 \times 10^{-7}} = 2.41 \times 10^6 \text{ Hz} = 2.41 \text{MHz}$$

由此可见，探头的工作频率越大，腐蚀管壁测厚精度越高。但另一方面，工作频率也不能太大，这是因为随着工作频率的增大，采样频率也要成倍提高（对超声检测来说，一般为 5~10 倍），采样率的提高要求转换电路必须具有更快的转换速度。综上，探头的工作频率设计为 5MHz。

③ 聚焦方式：为了提高厚度突变处的检测能力，采用点聚焦方式。

④ 焦距：要充分考虑管径和水程（即探头表面到被测管壁的距离）。

为了在接收到的 A 扫描波形中清晰地分辨出发射脉冲起始波、界面波及管壁多次回波，必须满足：

$$t_w > n \cdot t_{yg} \tag{3.9}$$

式中 t_w ——超声波从探头表面发射至被测管道内壁所用的时间；

       t_{yg} ——超声波在管壁内单程传播所用的时间；

n——超声探头接收的管壁回波的次数(含界面波),要想得到管壁厚度信息,n 至少取 2。

式(3.9)等价为

$$\frac{d_{\mathrm{w}}}{v_{\mathrm{w}}} > n \cdot \frac{d_{\mathrm{yg}}}{v_{\mathrm{yg}}} \tag{3.10}$$

式中　d_{w}——水程,mm;

v_{w}——超声波在水中的传播速度,1480m/s;

d_{yg}——管壁厚度,正常值为 7.9mm;

v_{yg}——超声波在被测管壁中的传播速度,6070m/s。

由式(3.10)可得

$$d_{\mathrm{w}} > n \cdot \frac{d_{\mathrm{yg}}}{v_{\mathrm{yg}}} \cdot v_{\mathrm{w}} = 2 \times \frac{7.9}{6070} \times 1480 = 3.85 \text{ mm}$$

实际应用中,为了方便 A 波的后续处理,一般 n 取 3~4 或更大值,相应的 d_{w} 大于 5.775~7.7mm。同时还要考虑超声内检测系统在管道内的通过性,水程越大,通过性越好;但另一方面,水程也不能太大,水程越大,内检测系统周向可安装探头数越少,降低整体的检测精度。综合考虑,探头焦距设计为 40mm。

⑤ 晶片尺寸及焦柱直径要适中。晶片尺寸及焦柱直径太大,对小缺陷的检出能力差;反之,单位检测区域内需要安装的探头数目增多,不仅会加大相关硬件的负担,增加存储的数据量,还会加大安装的难度。

⑥ 使用温度:考虑实际管道内运送的石油介质的高温特性。

⑦ 外壳的设计需考虑管道内部的高压环境,确定为刚性外壳。

综合以上因素,确定了长距离输油管道超声波内检测实验系统所用探头的主要性能指标:

① 工作频率:5MHz(依据 BS EN 12668-2 标准为±15%)。

②晶片尺寸:ϕ10mm。

③灵敏度:>70dB(依据 BS EN 12668-2 标准为>60dB)。

④聚焦方式:点聚焦。

⑤焦距:40mm。

⑥焦点直径:1.6mm。

⑦使用温度:−5~50℃。

⑧声轴偏斜:±0.2°。

根据这些性能指标,委托常州某公司代为加工,成品如图 3.5 所示。

探头为单晶纵波探头,其防磨面具有与水匹配的阻抗,在与防水线缆一起使用时,可以完全浸泡在水面以下。

(2) 探头性能测试。

图 3.6 和图 3.7 为对单个探头进行测试得到的超声发射脉冲信号波形及其频谱图。

图 3.5　水浸聚焦探头

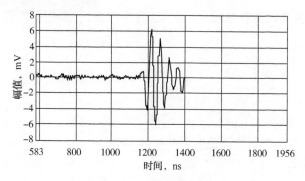

图 3.6　超声波脉冲信号波形

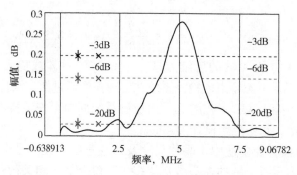

图 3.7　超声波频谱信号

根据图 3.7 可得到超声波信号在-3dB 和-6dB 下的中心频率、频带宽度及频带宽比等信息(表 3.1)。

表 3.1　-3dB 和-6dB 下超声波信号的主要信息

位置	中心频率，MHz	频带宽度，MHz	频带宽比
-3dB	5.127	1.221	0.238
6dB	5.127	1.709	0.333

对于所选的 24 个超声探头，其频率、带宽、有效晶片单元直径和阻抗必须保证在一定的误差范围之内，以保证相同类型的一批探头对同一缺陷的反射回波一致。图 3.8 显示了使用一批常州某公司生产的水浸聚焦探头对相同特性缺陷进行检测得到的回波频率分布情况。

统计结果表明：所有探头的频率都很接近标称频率 5MHz，也就是说，每个探头的回波信号是一致的，满足实验要求。

3.3.1.3　24 个超声探头的排列方法

未聚焦探头和聚焦探头发出的超声波声束对比情况如图 3.9 所示。

由于水浸聚焦探头在焦点处声束尺寸很小，缺陷识别能力提高，但反之检测区域很小。同时，由于焦点并不是严格意义上的一点，而是有一定的直径，所以在探头的排列时应考虑各探头的焦点直径间要微有重叠，以保证不漏检。24 个超声探头的排列顺序如图 3.10 所示。这种安装方式非常易于进行探头数的调整。

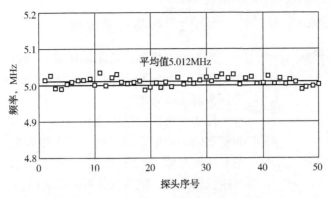

图 3.8　一批超声探头回波频率分布的统计图

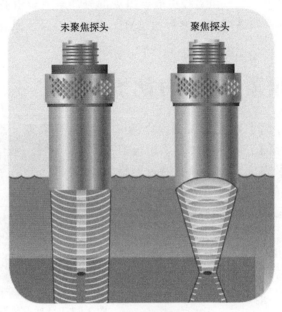

图 3.9　超声波声束对比图

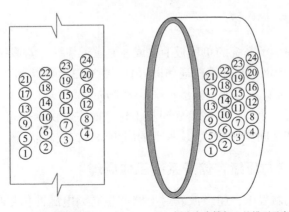

（a）探头排列顺序　　　　　（b）探头在支撑架上的排列示意

图 3.10　24 个超声探头的排列图

图 3.11　探头群支撑架图

3.3.2　探头群支撑架

探头群支撑架是长距离输油管道超声波内检测实验系统的触角,上面装有 24 个水浸聚焦超声波探头。图 3.11 为探头群支撑架图。

探头与被测管壁不直接接触,超声波透过水层后经被测管道内外两个表面反射,探头接收到的反射波经数据采集与压缩存储子系统处理,输出被测管壁各个检测点的 A 扫描波形数据,供离线分析软件使用。

在安装超声探头时,如果指向性差,则相邻探头的焦点直径可能会出现部分甚至完全重叠的情况,影响检测精度。因此每一个探头都要调整得和被测管壁垂直,这样才能保证回波信号准确反映壁厚的真实情况。

3.4　数据采集与压缩存储子系统

数据采集与压缩存储子系统由 3 个独立的 8 通道数据采集与压缩存储子系统构成,采用板卡积木式组合,每块板卡集成 8 个通道,通过网络工业交换机将 3 个独立的 8 通道子系统连接成一个 24 通道的数据采集与压缩存储子系统(图 3.12)。

采样频率 100MHz,采样深度 512B(Byte,字节)。存储的超声 A 扫描波形数据通过 LAN 网络与外部工业计算机进行数据交互,工业计算机对采集的超声波信号进行处理和显示分析,同时控制采集卡的硬件参数。

图 3.12　24 通道数据采集与压缩存储子系统

3.4.1　超声波板卡介绍

数据采集与压缩存储子系统的单块板卡集成 8 通道子系统,能够独立工作(只需要一个 DC12V 电源和一个 RJ45 网线与计算机通信即可)。图 3.13 为单块超声波板卡示意图。PCB 板尺寸为 170mm×170mm;形状为正方形;高度为 20mm。

各个板卡之间通过一个同步时钟信号同步工作,而主卡由软件可选,可以是 3 块板卡中的任意一块,由它产生同步信号。3 块板卡的同步信号连成环状(图 3.14)。

3.4.2　数据采集与压缩存储子系统工作原理

在同步脉冲信号的触发下,超声波发射电路产生高频电脉冲信号加到超声探头的压电晶片上,由于逆压电效应,激励压电晶片发出脉冲超声波,垂直入射到管道内壁上。超声波经管道内外壁不断反射后回到超声探头,作用在压电晶片上,经正压电效应转换为电信号后由超声波接收电路采集。再经信号放大与滤波、A/D 转换器转换为数字信号，送数据缓存运算部分进行数据压缩。压缩后的 A 扫描波形数据送微处理器，控制采集存储部分进行数据的记录存储；同时也可通过网络传输给外部工业计算机进行显示分析。数据采集与压缩存储子系统工作原理如图 3.15 所示。

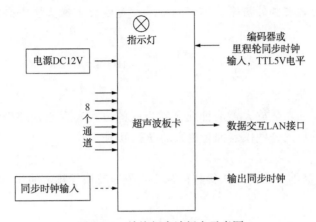

图 3.13 单块超声波板卡示意图

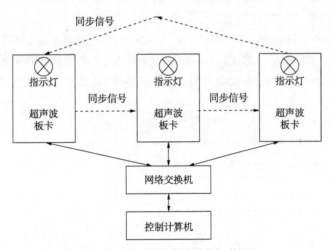

图 3.14 3 块超声波板卡级联图

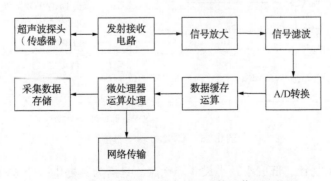

图 3.15 数据采集与压缩存储子系统工作原理框图

（1）发射接收电路。

在同步脉冲信号的触发下，24 个相互独立的发射接收电路激励超声探头，完成超声波信号的发射与接收。而同步脉冲信号的重复频率表示在单位时间内由发射电路发射并施加到探头压电晶片上的电脉冲次数，也就是在单位时间内探头发射超声波脉冲的次数。

同时考虑检测灵敏度和分辨率，本书同步脉冲宽度设为探头压电晶片固有振动周期的一半，即

$$\frac{T}{2} = \frac{1}{2f} = \frac{1}{2 \times 5 \times 10^6} = 10^{-7}\ s = 100ns$$

（2）信号放大电路。

采用运算放大器和对数放大器两种放大器级联的方式实现原始超声波信号的放大。其中使用对数放大器的目的是使仪器拥有更大的动态范围。

（3）信号滤波。

采用常规 LC 滤波器。目的是采集超声探头接收回波信号频带的一个窄带信号，更好地去除其他杂波干扰。

（4）A/D 转换。

由于实验系统设计的探头工作频率为 5MHz，而对于超声检测的工程应用，采样频率一般取为探头工作频率的 5~10 倍，也就是要达到 25~50MHz 以上。

因此，采用 Analog Device 公司采样率为 100MSPS 的双通道 8 位模数转换芯片 AD9288，每块板卡配置 4 片，共 12 片。这 12 片 AD9288 可提供 24 个独立工作的通道，利用内置的采样保持电路，分别将 24 个探头接收的模拟 A 波信号转化为数字量。图 3.16 为 AD9288 功能框图。

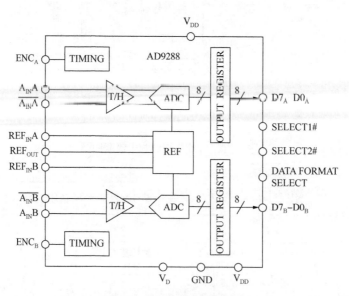

图 3.16　AD9288 功能框图

AD9288 具有低功耗、低成本及小尺寸等优点，只需为其提供一个 3V（2.7~3.6V）的电源和一个编码时钟就能正常工作，并且无须配置外部基准电压源或驱动器件即可满足大多

数应用。编码输入与数字输出均为 TTL/CMOS 兼容，输出电源引脚独立。芯片的制造采用先进的 CMOS 工艺，共有 48 个引脚，LQFP（Low-profile Quad Flat Package）封装，额定温度 −40~85℃。

（5）数据缓存运算。

为了满足 100MHz 的高速实时数字信号处理，采用 ALTERA 公司 CYCLONEII 系列的高速 FPGA 芯片 EP2C20F484C6N，每块板卡配置一片，共 3 片。这款芯片具有 484 个 IO 引脚，其中可用 IO 引脚 315 个，具有 68416 个逻辑单元，有 1.1Mbit 的 RAM 可利用，可变的端口 RAM 配置×1，×2，×4，×8，×9，×16，×18，×32 和×36。资源非常丰富，可满足系统设计要求。同时采用串行配置器件 EPCS4 对 EP2C20F484 芯片进行配置。

此部分的主要功能是对采集的 A 扫描波形数据进行存储、比较压缩、采集需要显示和存储的点给微处理器，同时也完成相关的模拟信号控制、译码控制及数据采集时序控制等。

（6）微处理器运算处理。

采用 Atmel 公司的微处理器芯片 AT91SAM9263，读取 FPGA 缓存的超声检测数据，通过网络传输给上位机（外部工业计算机）显示、调试、分析，同时也控制超声检测数据向 Flash 的写入与读出。该芯片每块板卡配置一片，共 3 片。

AT91SAM9263 是 32 位的微控制器，芯片内置最新 ARM926EJ-S 处理器，9 层矩阵结构，最大允许 9 条 32 位总线的内部带宽。它还有两条独立的外部存储总线——EBI0 和 EBI1，能够连接多种存储设备和 IDE 硬盘。芯片运行在 200MHz 时拥有 220MIPS 的运算性能，具有 DSP 扩展指令、JAVA 硬件加速，保证最大性能。

（7）采集数据存储。

此部分采用 SAMSUNG 公司(1G+32M)×8 位 NAND Flash 存储器 K9K8G08U0B，其功能框图如图 3.17 所示。

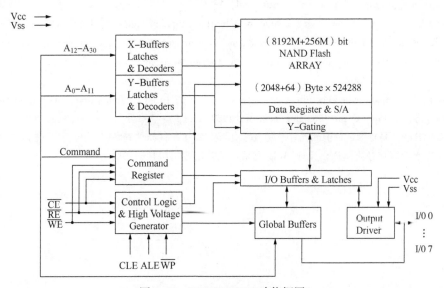

图 3.17　K9K8G08U0B 功能框图

该芯片每通道配置一片，共 24 片，其 NAND 单元能为固态应用程序市场提供最经济的解决方案。程序能在典型的 $200\mu s$ 于（2K+64）字节的页[1 页=（2K+64）字节]内执行完毕，同时能在典型的 1.5ms 于（128K+4K）字节的块[1 块=64 页=64×（2K+64）字节=（128K+4K）字节]内擦除完毕。I/O 引脚作为地址和数据输入/输出端口及命令输入端口。

3.5 其他子系统

（1）计算机子系统和电源子系统。

实验室阶段计算机子系统采用外置通用计算机的形式。实际检测长距离输油管道时，需采用体积小、功耗低、耐高温的内置式计算机，满足管道内检测的需要。

同样，电源子系统也采用 220V 转 12V 的形式供给数据采集与压缩存储子系统使用。实际检测长距离输油管道时，需要内置高能量密度电池供给检测机内部电子仪器与动力装置等使用。

（2）行走驱动子系统。

由于石油在管道运输过程中存在压力，所以实际检测时超声检测系统不需采用行走驱动子系统，可以在油压的推动下前进。但在实验室检测样管时是用水作为耦合介质的，不存在差压来驱动超声检测实验系统，所以需采用机械驱动机构来牵引使其运动，完成检测任务。

参 考 文 献

[1] Roche M, Samaran J P. Aims, line conditions affect choice of in-line inspection tool[J]. Oil & Gas Journal, 1992, 90(45): 78-80.

[2] Crouch A, Anglisano R, Jaarah M. Quantitative field evaluation of magnetic-flux-leakage and ultrasonic in-line inspection[J]. Pipes & pipelines international, 1996, 41(4): 23-32.

[3] Cordell J L. In-line inspection: what technology is best[J]. Pipeline industry, 1991, 74(7): 47-58.

[4] Reber K, Beller M, Willems H, et al. A new generation of ultrasonic in-line inspection tools for detecting, sizing and locating metal loss and cracks in transmission pipelines [C]//2002 IEEE Ultrasonics Symposium. Munich, 2002.

[5] De Raad J A. Comparisor between ultrasonic and magnetic flux pigs for pipeline inspection: with examples of ultrasonic pigs[J]. Pipes & pipelines international, 1987, 32(1): 7-15.

[6] 杨理践, 耿浩, 高松巍. 长输油气管道漏磁内检测技术[J]. 仪器仪表学报, 2016, 37(8): 1736-1746.

[7] 张志永. 水浸聚焦超声波探伤原理[M]. 北京: 国防工业出版社, 1985.

第4章 长距离输油管道超声波内检测系统速度控制技术

采用超声检测技术的长距离输油管道智能内检测系统在管道内依靠输送介质(原油或成品油)压差驱动行走,进而完成对管壁腐蚀缺陷的扫描检测。为保证检测数据的准确性和有效性,内检测系统在管道内必须平稳运行。然而,埋地长输管道所经地形复杂多样,有西北荒漠、东南水网、东北原始森林、西南喀斯特地貌等,复杂多变的流场环境势必会造成内检测系统运行速度不断发生变化,难以维持在稳定的范围内。若内检测系统的运行速度过快,会产生大量的数据漏检,甚至出现缺陷处采集不到检测信号的现象,导致检测精度及其可靠性大大降低;若内检测系统的运行速度过慢,会产生大量的数据冗余,这些数据会浪费检测器的存储空间,同时使后期的数据处理变得更为复杂,降低了检测效率;另外,内检测系统速度的大范围变化和旋转将导致超声检测 C 扫描图像坐标位置信息的混乱,给管道缺陷的准确定位带来困难。因此,控制智能内检测系统的运行速度,使之在管道内平稳运行是保证其检测精度、效率及可靠性的关键。

4.1 内检测系统速度控制研究进展

内检测系统在管道内运动,受到内部环境的限制,其控制方式少,一般采用控制输送介质的通过量的方式来控制内检测系统两端压差,进而控制其运行速度。由于现场试验的困难性,目前国内外关于管道内检测系统运动状态以及运动速度控制相关方面的研究大多采用数值分析或者仿真的方法。

国外针对内检测系统运动状态以及运动控制问题研究较早,McDonald A E 等人[1]针对内检测系统在输气管道中运动时的流场流动问题做了相应的研究。

Nguyen T T 等人[2]针对管道内检测系统流速控制提出了一种简单的非线性控制方法,将管内流体流动假设为一维流体的稳态流动,在此基础上根据旁通阀调速原理,推导出带旁通孔的内检测系统旁通孔局部流体阻力的表达公式,并且用数值模拟分析的方法探究了旁通孔两端的差压驱动力方程,最终得出由内检测系统的位置、速度以及旁通孔流速这三个基本参数推导出速度控制的方法,对实现内检测系统旁通流量与速度的控制进行了一定的研究。

国内对管道内检测系统运动状态及运动速度控制等方面的研究主要是关于内检测系统速度调节装置的研究以及对内检测系统进行数值仿真方面的研究。

孟浩龙等人[3]针对输油管道内检测系统周围流场数值分析问题，通过 CFD 数值计算，得到内检测系统周围流场的分布以及管内流场对检测器的驱动情况。发现内检测系统周围流场随着流速的增加，会出现层流、湍流和非定常湍流三种不同的流态；驱动力的大小只与管内流速有关。其仿真结果揭示了受限空间内扰流这一基本特征。

巴永峰等人[4]针对输气管道内检测系统运动控制问题，利用孔板流量计模型构造了管道内检测系统泄流孔结构，并以剪切应力运输方程为模型，分别对内检测系统泄流面积为管道横截面积的 25%、10%、5%的模型(管道模型为 100m)进行仿真计算，得到泄流面积与速度以及泄流面积与压差之间的关系，分析了泄流孔开度与驱动力之间的关系。但其泄流孔模型采用的是标准孔板流量计模型，并没有考虑泄流孔结构的不同对驱动力的周围流场状态带来的影响以及对驱动力产生的影响。

上述研究多是以一维流动模型为基础，将泄流孔模型做简化处理，用计算流体力学的方法仿真分析内检测系统在管道中运动时的一些问题，没有考虑泄流孔结构不同带来的流场变化以及对内检测系统运行稳定的影响。并且现有泄流调速装置采用电机驱动阀门的方式，由于长距离调速过程电机耗电量大，而智能内检测系统进行管道在线检测时所能携带的电池容量有限，难以支持调速电机长时间运转，并不适用于实际输油管道的长距离检测。

长距离输油管道超声波内检测系统的运行速度受诸多因素的影响，本章主要讨论泄流孔的结构对内检测系统运行速度的影响。以计算流体动力学理论为基础，建立管道中两种泄流孔结构的流体示意图；利用 GAMBIT 画出三维流体流动几何模型并对模型进行离散化处理；采用 FLUENT 进行仿真计算，分析两种不同模型的速度云图、压力云图及湍流强度等，最终确定使内检测系统运行状态稳定的泄流孔结构。

4.2　计算流体动力学理论基础

当流体通过管道时，不同结构的泄流孔产生的流场状态也不同。流场的状态会影响检测器在管道内的运动状态，运用 CFD(Computational Fluid Dynamics，计算流体动力学)求解仿真可发现泄流孔的不同结构对内检测系统运行速度的影响。

4.2.1　CFD 求解过程

对于 CFD 的求解，可借助商用软件来完成，也可自己直接编写程序计算。本章采用 GAMBIT 作为前处理器，运用 FLUENT仿真来对 CFD 进行求解。无论是流动问题、传热问题，还是稳态问题、瞬态问题，其 CFD 求解过程都可用图 4.1表示。

为了求解 CFD，需要先建立其控制方程和几何模型，并进行离散化处理；之后在 FLUENT 中设置一些参数，进行迭代求解；最终输出计算结果即可显示流场状态云图。

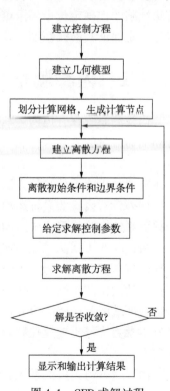

图 4.1　CFD 求解过程

4.2.2　流体动力学控制方程[5]

（1）质量守恒定律。

任何流动问题都需要满足质量守恒定律（连续方程）。该定律可表述为单位时间内流体微元体中质量的增加等于同一时间间隔内流入该微元体的净质量。按照这一定律，可以得出质量守恒方程：

$$\frac{\partial \rho}{\partial t} + \frac{\partial (\rho u)}{\partial x} + \frac{\partial (\rho v)}{\partial y} + \frac{\partial (\rho w)}{\partial z} = 0 \qquad (4.1)$$

式（4.1）给出的是瞬态三维可压流体的质量守恒定律。由于管道内的原油流动处于稳态，属于不可压缩液体，则密度 ρ 不随时间的变化而变化，式（4.1）变为

$$\frac{\partial (\rho u)}{\partial x} + \frac{\partial (\rho v)}{\partial y} + \frac{\partial (\rho w)}{\partial z} = 0 \qquad (4.2)$$

在式（4.1）、式（4.2）中，u、v 和 w 是速度矢量在 x、y 和 z 方向的分量。

（2）动量守恒方程。

动量守恒定律（运动方程）也是任何流动系统都必须满足的基本定律。该定律可表述为微元体中流体的动量对时间的变化等于外界作用在该微元体上的各种力之和。该定律实际上是牛顿第二定律。

$$\begin{cases} \frac{\partial u}{\partial t} + u\frac{\partial u}{\partial x} + v\frac{\partial u}{\partial y} + w\frac{\partial u}{\partial z} = f_x - \frac{1}{\rho}\frac{\partial p}{\partial x} + \frac{u}{\rho}\left(\frac{\partial^2 u}{\partial x^2} + \frac{\partial^2 u}{\partial y^2} + \frac{\partial^2 u}{\partial z^2}\right) \\[2mm] \frac{\partial v}{\partial t} + u\frac{\partial v}{\partial x} + v\frac{\partial v}{\partial y} + w\frac{\partial v}{\partial z} = f_y - \frac{1}{\rho}\frac{\partial p}{\partial y} + \frac{u}{\rho}\left(\frac{\partial^2 v}{\partial x^2} + \frac{\partial^2 v}{\partial y^2} + \frac{\partial^2 v}{\partial z^2}\right) \\[2mm] \frac{\partial w}{\partial t} + u\frac{\partial w}{\partial x} + v\frac{\partial w}{\partial y} + w\frac{\partial w}{\partial z} = f_z - \frac{1}{\rho}\frac{\partial p}{\partial z} + \frac{u}{\rho}\left(\frac{\partial^2 w}{\partial x^2} + \frac{\partial^2 w}{\partial y^2} + \frac{\partial^2 w}{\partial z^2}\right) \end{cases} \qquad (4.3)$$

式中　u、v、w ——分别是速度矢量在 x、y 和 z 方向的分量；

　　　p ——压强；

　　　f_x、f_y 和 f_z ——分别是单位质量力在三个坐标方向上的分力。

（3）能量守恒定律。

能量守恒定律是包含有热交换的流动系统必须满足的基本定律。该定律可表述为微元体中能量的增加率等于进入微元体的净热流量加上体力与面力对微元体所做的功。该定律实际是热力学第一定律。

$$\frac{\partial (\rho T)}{\partial t} + \mathrm{div}(\rho u T) = \mathrm{div}\left(\frac{k}{C_P}\mathrm{grad}\ T\right) + S_T \qquad (4.4)$$

式中　C_P —— 比热容；

　　　T ——温度；

　　　k ——流体的传热系数；

　　　S_T ——流体的内热源及在黏性作用下流体机械能转化为热能的部分。

4.2.3　湍流模型

对于不同的流动问题，CFD 中的不同湍流模型的求解精度不同。因此对于具体的问题，

需要选择适合的湍流模型来进行求解，以获得较高的精度。

自然界中的流体流动状态主要有两种形式——层流和湍流。流体在流动过程中两层之间没有相互混掺为层流，而流体不是处于分层的流动状态为湍流。一般来说，湍流是普遍的，而层流则属于个别情况。当流体雷诺数不小于 2500 时，就判定为完全湍流[6]。

湍流是一种非常复杂的非稳态三维流动，在湍流中流体的各种物理参数（如速度、压力、温度等）都是随时间与空间而随机变化的，是随机的非线性过程，因而到目前为止，尚无完善的理论。从物理结构上说，可以把湍流看成由各种不同尺度的涡旋叠合而成，这些涡旋的大小与旋转轴的方向分布是随机的[7]。目前工程上对湍流流动的数值计算方法主要有直接数值模拟、大涡模拟、雷诺时均方程法。其中应用最多的雷诺时均方程法是对 N–S 方程进行时间平均，再通过时均后的控制方程对湍流进行计算。为了使湍流的平均雷诺方程封闭，建立了不同的湍流模型。

其中，标准 $k-\varepsilon$ 湍流模型是由 Launder 和 Spalding 于 1972 年提出的，该模型是半经验公式，主要是求解湍流动能 k 方程和湍流耗散率 ε 输运方程，并建立起它们与湍流涡黏系数的关系。该模型假定流动为完全湍流，流体分子之间的分子黏性可以被忽略，因而标准 $k-\varepsilon$ 模型只对完全湍流的流场有效[8]。

对标准的 $k-\varepsilon$ 模型而言，由于空化流动中气泡的生成和溃灭过程对湍流发展的影响，引起空化流动中湍动能产生项和弥散项间的不平衡，这种模型并不能很好地模拟空化流动。除了标准 $k-\varepsilon$ 模型外，还有 RNG $k-\varepsilon$ 模型等改进模型，该模型在预测浮力影响、强旋流、高剪切率、低雷诺数影响等方面都较为准确，对大多数工业流动问题能够提供良好的特性和物理现象预测。

4.3 基于 GAMBIT 的几何建模

4.3.1 泄流孔模型构造

内检测系统没有自主的动力机构，在管道中运动时，管道内的流场会提供其前进动力，依靠管道内传送的压力作为驱动力，推动内检测系统在管道中运行。为了控制内检测系统的速度，需要设计合理的泄流孔结构来推动内检测系统运动并保持其速度稳定。泄流孔结构的不同会导致流场状态不同，不同的流场状态会对内检测系统的稳定运行产生不同的影响。由于管道过长，本章只截取部分管道进行仿真计算，构建了流体流经单孔型泄流孔和渐扩型泄流孔时的流动区域示意图（图 4.2）。泄流孔直径与管道直径同心，横截面积减小的区域表示流体通过泄流孔时的流动区域。

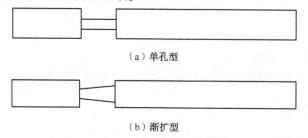

（a）单孔型

（b）渐扩型

图 4.2　流体流经泄流孔时的流动区域示意图

本章讨论的管道直径为 720mm，考虑到内检测系统单元体长度不应超过管道直径的 1.5 倍[9]，设置泄流孔长度为 700mm。流体通过泄流孔后其流场状态会出现显著的变化，为便于分析，设置泄流孔下游的流动距离为 5000mm，泄流孔上游的流动距离为 2000mm。单孔型泄流孔模型具体参数见表 4.1。

表 4.1　单孔型泄流孔模型参数

名称	数值，mm	名称	数值，mm
泄流孔上游距离	2000	泄流孔长度	700
泄流孔下游距离	5000	泄流孔直径	360
管道直径	720		

本章将讨论泄流孔结构的不同对内检测系统运行速度的影响，所以对于渐扩型泄流孔，除泄流孔结构外，其余参数均与单孔型泄流孔相同。渐扩型泄流孔模型参数见表 4.2。

表 4.2　渐扩型泄流孔模型参数

名称	数值，mm	名称	数值，mm
泄流孔上游距离	2000	泄流孔长度	700
泄流孔下游距离	5000	泄流孔左侧直径	360
管道直径	720	泄流孔右侧直径	540

4.3.2　GAMBIT 建模

4.3.2.1　GAMBIT 简介

GAMBIT 是专用前处理软件包，用来为 CFD 模拟生成网格模型，之后才能在有限元软件 FLUENT 中进行模拟仿真。该软件的主要功能包括三个方面：构造几何模型、划分网格和指定边界。其中，划分网格是其最主要的功能，最终生成包含边界信息的网格文件[10]。

GAMBIT 提供了多种网格单元，可根据用户的要求，自动完成网格划分这项烦琐复杂的工作。它可以生成结构网格、非结构网格和混合网格等多种类型的网格。GAMBIT 有良好的自适应能力，能对网格进行细化或粗化，或生成不连续网格、可变网格和滑移网格。

4.3.2.2　GAMBIT 操作步骤

对于一个给定的 CFD 问题，可以用以下 3 个步骤生成网格文件。

（1）构造几何模型。

该软件建模的顺序通常为点、线、面、体，逐渐画出所需要的模型。这个环节可以直接在 GAMBIT 中完成，也可以在 CAD 等其他软件中完成后导入到 GAMBIT 中。GAMBIT 用户界面如图 4.3 所示，有显示区、操作提示区及操作区等。

根据设置好的参数，在 GAMBIT 中构建了单孔型泄流孔 3D 几何模型和渐扩型泄流孔 3D 几何模型。由于此模型为输油管道，因此在画图时需要将上游管道和内检测系统左侧连通、下游管道和内检测系统右侧连通，否则模拟仿真无法实现。两种泄流孔 3D 几何模型如图 4.4 所示。

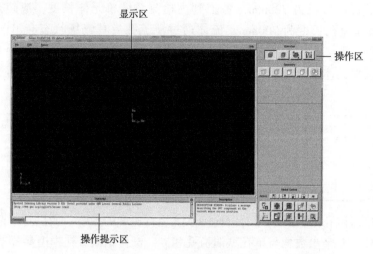

图 4.3　GAMBIT 用户操作界面

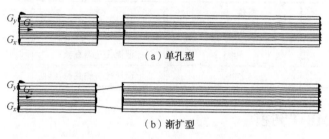

（a）单孔型

（b）渐扩型

图 4.4　泄流孔 3D 几何模型

（2）划分网格。

在生成几何模型后，接着进行网格划分。网格划分方案包括 Elements（网格单元）和 Type（网格类型）两项。可供选择的网格单元有 3 种：

① Quad 指定的网格区域中只包括四边形单元；

② Tri 指定的网格区域中只包括三角形单元；

③ Quad/Tri 网格中主要包括四边形单元，但在用户指定的区域有三角形单元。

可供选择的网格类型有 5 种：

① Map 使用指定的单元网格，创建规则有序的结构网格；

② Submap 将不规则的区域划分成多个规则的子区域，在每个子区域上创建结构网格；

③ Pave 使用指定的网格单元，创建非结构网格；

④ Tri Primitive 将一个三角形面划分成 3 个四边形的子区域，在每个子区域上创建结构网格；

⑤ Wedge Primitive 在楔形面的顶部创建三角形网络，在顶部外端创建放射形的网络。

为了使网格的质量更好，本节中网格单元选择 Quad，即使用四边形单元。由于管道结构简单，使用规则有序的网格结构即可，所以网格类型选择 Map。划分完的网格如图 4.5 所示。

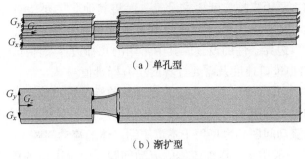

（a）单孔型

（b）渐扩型

图4.5 泄流孔网格模型

在几何模型中，如果存在非常小的窄缝、尖角、小面，生成的网格可能就会有问题，导致 FLUENT 计算过程不收敛；近壁网格不合适，会导致湍流黏度比超限，因此划分网格的质量十分重要。在 GAMBIT 中对两个模型进行网格质量检查，结果如图4.6所示。

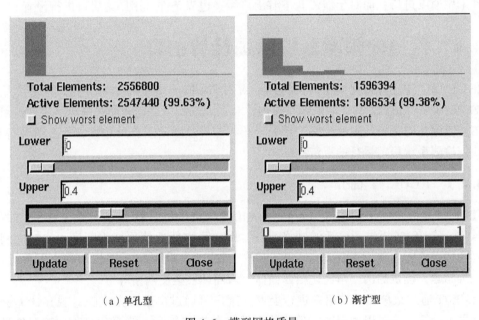

（a）单孔型   （b）渐扩型

图4.6 模型网格质量

本节选择的网格质量指标是 EquiSize Skew，其通过单元大小计算歪斜度。一般情况下，EquiSize Skew 值在 0～1：0 为质量最好，1 为质量最差。3D 模型质量好的单元 EquiSize Skew 值最好在 0.4 以内。从图4.6中可以看出，单孔型模型 EquiSize Skew 值在 0～0.4（lower 到 upper）的网格数占99.63%，渐扩型模型 EquiSizc Skew 值在 0～0.4（lower 到 upper）的网格数占99.38%，说明网格划分质量很好。

（3）指定边界类型。

对于一个求解问题，如果边界条件约束过度，则可能导致求解器运算出现错误循环并且很难收敛；如果边界条件约束不足，则求解器没有开始计算的信息提示，会不断地进行初始值查询，得不到数据结果。在数值模拟过程中，边界条件的设置可以按照避重就轻的原则，将影响流体的主要因素按实际要求设置，而将其他非主要（可以忽略的）因素设置为常量或者不进行设置。这样既有利于仿真计算，还能得到物理结果。FLUENT 中提供了数十种不同类型的进出口边界条件的设置。其中常用的几种边界条件如下：

① 速度进口：给出进口速度及需要计算的所有标量值。

② 压力进口：给出进口的总压和其他需要计算的标量进口值，压力进口边界条件通常用于给出流体进口的压力和流动的其他标量参数，该边界条件对流动问题有普遍的适用性。可用于可压缩的流体流动问题，也可用于不可压缩流体的流动问题。

③ 质量流进口：一般用于可压缩流体的流动问题，给出进口的质量流量。对于不可压缩的流动，由于密度为常数，该条件不需要给出。

④ 压力出口：给定流动出口的静压（表压）。该边界条件只能用来描述模拟流速较低的流动。当流体的流速过大时，就不能够采取这种边界条件。

根据管道内原油介质的流动性质以及已知的工况条件，对于管道内流场模型，入口边界条件采用速度进口；而对于泄流孔下游出口端，边界条件采用压力出口进行设置。

4.4 管道内检测系统流场计算仿真

在 GAMBIT 中建好几何模型后，将其导入到 FLUENT 中进行仿真计算。本节介绍如何利用 FLUENT 软件仿真计算原油流经管道内检测系统的流场运动云图；分析当原油流经两种不同结构泄流孔时流场的速度云图、压力云图和湍流强度云图；最后将 3 种云图进行对比，确定使内检测系统稳定运行的泄流孔结构。

4.4.1 FLUENT 简介

FLUENT 是一个用于模拟和分析在复杂几何区域内的流体流动与热交换问题的专用 CFD 软件。FLUENT 提供了灵活的网格特性，用户可方便地使用结构网格和非结构网格对各种复杂区域进行网格划分。对于二维问题，可生成三角形单元网格和四边形单元网格；对于三维问题，提供的网格单元包括四面体、六面体及杂交网格等[11]。

FLUENT 通过菜单界面与用户进行交互。用户可通过多窗口方式随时观察计算进程和计算结果；计算结果可以用云图、等值线图等多种方式显示、储存和打印，甚至传送给其他 CFD 或 FEM（Finite Element Method，有限单元法）软件。

4.4.2 流场计算步骤

（1）创建几何模型和网格模型。

几何模型和网格模型在前处理器 GAMBIT 中已创建完成并保存为 mesh 格式。由于 GAMBIT 是 FLUENT 的前处理器，所以在 GAMBIT 中保存的 mesh 文件可直接导入到 FLUENT 中使用。

（2）启动 FLUENT 求解器。

启动 FLUENT 求解器（图 4.7）。由于在 GAMBIT 中绘制的图形为三维图形，因此 Dimension 选择 3D。在 FLUENT 中要显示网格、图形窗口及配色，所以 Display Options 中的选项全部选上。Processing Options 中选择的是所用计算机的核数，根据自己所用电脑进行选择，这里使用 2 核的计算机。

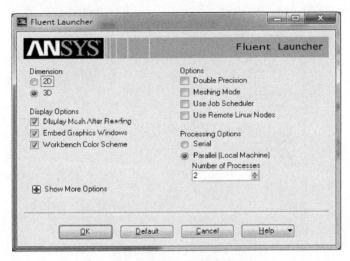

图 4.7　FLUENT 启动界面

选好之后点击 OK，出现 FLUENT 用户操作界面(图 4.8)。

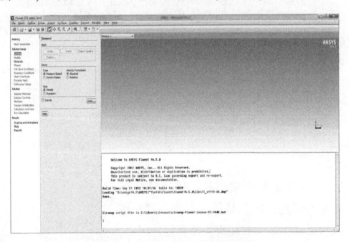

图 4.8　FLUENT 用户操作界面

(3) 导入网格模型。

将在 GAMBIT 中画好的网格模型导入 FLUENT 中，准备进行参数设置。将 Case 文件和 Date 文件全部导入，直接在 FLUENT 中使用 File/Read/Case&Date 命令导入(图 4.9)。

(4) 检查网格模型是否存在问题。

将网格导入 FLUENT 后，必须对网格进行检查，以便确定是否可直接用于 CFD 求解。选择 Gride/Check 命令，FLUENT 会自动完成网格检查，同时报告计算域、体、面、节点的统计信息(图 4.10)。

需要注意的是，"minimum volume(m3)：1.687483e-07"，它是最小网格的体积，并且它的值一定要大于 0。如果 minimum volume 的值小于 0，对应的网格就不能用于计算。

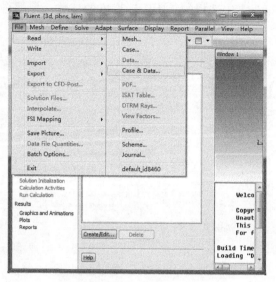

图 4.9　FLUENT 导入界面

```
Domain Extents:
    x-coordinate:min（m）=-3.600000e-01,max（m）=3.600000e-01
    y-coordinate:min（m）=-3.600000e-01,max（m）=3.600000e-01
    z-coordinate:min（m）=0.000000e+00,max（m）=7.700000e+00
Volume statistics:
    minimum volume（m3）:1.687483e-07
    maximum volume（m3）:3.988648e-06
        total volume（m3）:2.920554e+00
Face area statistics:
    minimum face area（m2）:1.012499e-05
    maximum face area（m2）:7.294249e-04
Checking mesh..................................
Done.
|
```

图 4.10　网格检查界面

（5）确定计算模型。

准备好网格以后，就需要考虑采用什么样的计算模型，即通知 FLUENT 是否考虑传热，另外，流动是层流还是湍流，无黏度还是有黏度，是否多相流，是否包含相变，计算过程中是否存在化学组分变化和化学反应等。如果用户对这些模型不做任何设置，在默认情况下，FLUENT 将只进行流场求解，不求解能量方程，认为没有化学组分变化，没有相变产生，不存在多相流，不考虑氮氧化合物污染。由于原油在管道中流动为湍流，因此还需设置湍流模型。RNG $k-\varepsilon$ 模型通过修正湍流黏度，考虑了平均流动中的旋转及旋流流动情况，更符合实际。受壁面限制，采用壁面函数法将自由流中的湍流与壁面附近的流动连接起来。操作环境设置：不考虑重力影响，周围环境压强为大气压，具体设置如图 4.11 所示。

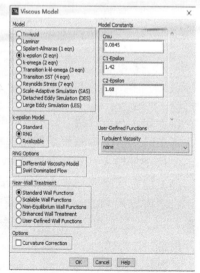

图 4.11　确定计算模型

（6）设置材料特性。

在 FLUENT 中，常见的材料包括 Fluid 与 Solid 两种，本书使用的是液体——原油。但在 FLUENT 中没有原油，需要自己设置其密度、黏度等。绝大多数情况下都是从数据库中加载已有的材料数据，然后根据实际情况和计算需要修改材料的物性参数。此项工作必须在材料面板中完成，其步骤如下：

① 在 Material Type（材料类型）下拉菜单中选择材料的类型（流体或固体）。

② 在 Fluid Materials（流体材料）或 Solid Materials（固体材料）的下拉菜单中选定要改变物性的材料。

③ 根据需要修改在 Properties（属性）框中所包含的各种物性参数。如果列出的物性参数种类太多，则需要拖动滑动条以显示所有的物性参数。

④ 在完成修改后，单击 Change/Create（修改/创建）按钮，新的物性参数便设定好了。要改变其他材料的物性参数只需重复前面的步骤即可，但每种材料的物性参数修改完毕后，均需点击 Change/Create（修改/创建）按钮进行确认。

本章选取鲁宁输油管道输送原油，原油物性如下：黏度为 20mPa·s，密度为 870kg/m³，具体设置如图 4.12 所示。

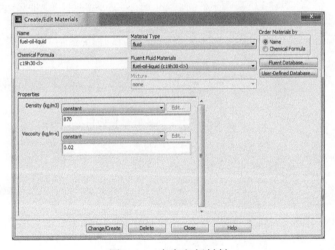

图 4.12　自定义新材料

（7）设置边界条件。

边界条件是流场变量在计算边界上应满足的数学物理条件。在 FLUENT 软件的仿真计算中，边界条件和初始条件是控制方程有确定解的前提。控制方程与初始条件、边界条件组成了对一个物理过程完整的数学描述。边界条件一般是在求解区域的边界上求解的变量随时间和地点的变化情况。对于任何类型的 FLUENT 计算，都需要给出边界条件，而边界条件的设置直接影响到计算结果的精度。

边界条件的设定包括计算域内物质的指定、进出口边界条件和壁面边界条件数值的指定或类型的修改操作等。流体区域内的物质选择由"（6）设置材料特性"添加的 base-oil。设置 inlet 的边界条件：入口速度为 1.5m/s；由于使用了湍流模型，所以还需设置入口的湍流参数——湍动能 k 和湍动耗散率 ε，其中湍动能 $k=0.0058688$，湍动耗散率 $\varepsilon=0.0014658$。出口压力为 4MPa。

（8）设置求解控制参数。

当完成计算模型、材料和边界条件的设置后，原则上就可以运用 FLUENT 进行求解计算，但为了更好地控制求解过程，需要在求解器中进行某些设置。

FLUENT 中提供的分离算法有 SIMPLE、SIMPLEC、PISO 等算法。其中 SIMPLE 算法是现在较为常用的求解算法，主要用于求解不可压缩流体的流动。本节采用 SIMPLE 算法对管道内流体的流动问题进行求解，进而得到流体通过内检测系统泄流孔时的流场。采用 SIMPLE 算法求解具有很好的收敛性。压力采用 Standard（标准）格式，其他采用一阶迎风格式离散（图 4.13）。

（9）流场迭代计算。

前面的各项设置完成以后，可进行流场的迭代计算。对于稳态问题的计算，可直接从 Run Calculation 对话框中启动计算进程（图 4.14）。

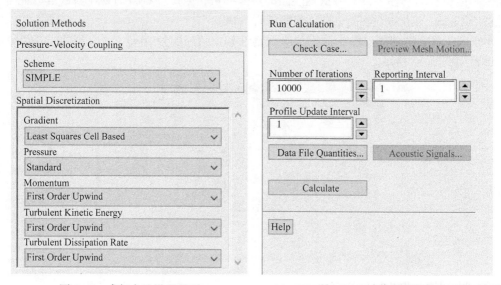

图 4.13　求解方法设置界面　　　　　图 4.14　迭代次数设置

迭代次数设置完成后就可以进行迭代计算，此过程需耗费一定时间。单孔型泄流孔模型和渐扩型泄流孔模型迭代次数及残差如图 4.15 所示。

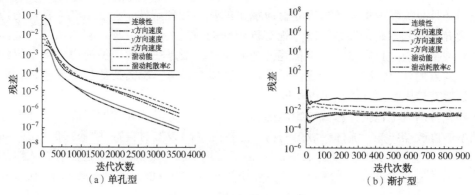

图 4.15　泄流孔模型残差图

当出口流量和入口流量误差小于5％时，基本属于收敛。经查看，单孔型泄流孔模型及渐扩型泄流孔模型的出口流量和入口流量误差均小于5％，属于收敛。收敛后可以进一步对其进行仿真分析。

4.4.3　流场仿真结果及分析

4.4.3.1　速度分析

针对直径为720mm的输油管道，设定两种不同结构的泄流孔流场模型，对其进行离散化处理并在FLUENT中进行流场仿真。当完成计算后可以得到流体在通过两种不同结构泄流孔时的速度云图(图4.16)。

从流体流经两种不同结构泄流孔的速度云图可以看出，在流体未经过管道内检测系统泄流孔时，其流体速度很稳定，均为1.5m/s左右；当流体通过泄流孔时，由于流动截面积的减小，其流速加快；当流体通过泄流孔后，由于流动直径恢复到管道内径大小，流速开始降低。对比发现，当流体通过泄流孔后，单孔型泄流孔流场速度衰减较慢，而渐扩型泄流孔流场速度衰减较快，可以很快降低到初始的速度。因此，渐扩型泄流孔更有利于内检测系统的稳定运行。

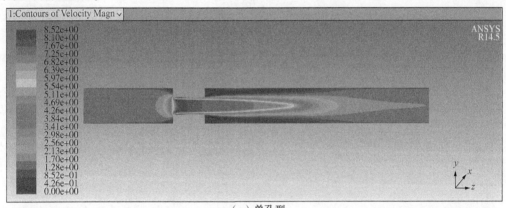

（a）单孔型

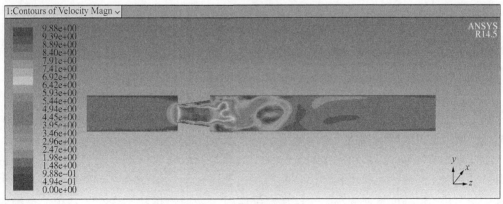

（b）渐扩型

图4.16　两种不同泄流孔模型的速度云图

4.4.3.2 压力分析

通过对流场计算，可以得到两种不同结构的泄流孔所对应的流场压力云图(图 4.17)。

从对比中可以发现，当流体通过单孔型泄流孔和渐扩型泄流孔后，压力强度均变小并达到稳定状态。从图 4.17 中可以看出，这两种结构泄流孔的压力云图相似，没有太大差别，不能判别出哪种结构更有利于内检测系统的稳定运行。

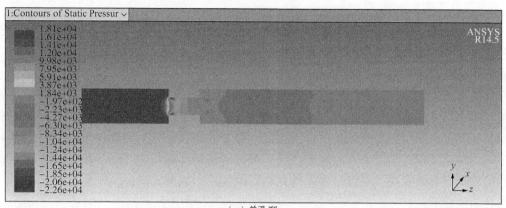

（a）单孔型

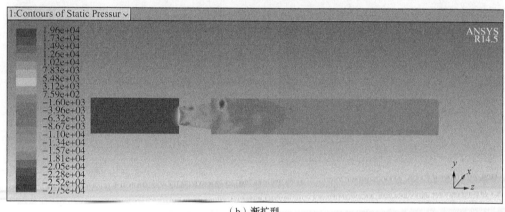

（b）渐扩型

图 4.17 两种不同泄流孔模型的压力云图

4.4.3.3 湍流强度分析

由于两种泄流孔结构的压力云图相似，仅凭速度云图不能有效判别出哪种泄流孔结构更有利于内检测系统运动状态的稳定。因此，对两种不同结构泄流孔所对应的流场湍流强度进行仿真，得到的湍流强度云图如图 4.18 所示。

通过对流场计算，得到当流体通过两种不同结构泄流孔时流场湍流强度的分布。从对比中可以发现，当流体通过单孔型泄流孔后，其湍流强度逐渐变小；而当流体通过渐扩型泄流孔时，其湍流强度迅速变小。由于湍流强度过大会使流场状态变得不稳定，过激的流场状态会对内检测系统的运行产生影响。因此，渐扩型泄流孔更有利于内检测系统的稳定运行。

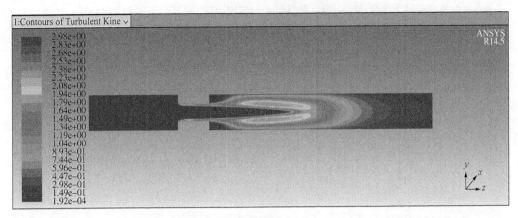

（a）单孔型

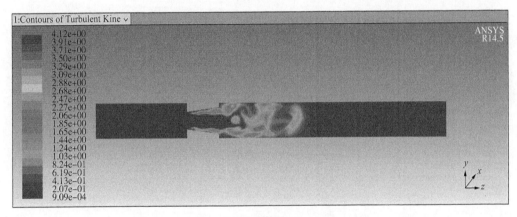

（b）渐扩型

图 4.18　两种不同泄流孔模型的湍流强度云图

　　综上，由两种不同结构泄流孔的速度云图、压力云图及湍流强度云图可知：在速度云图中，原油通过渐扩型泄流孔后速度稳定更快，更有利于内检测系统的稳定运行；在压力云图中，原油通过两种不同结构的泄流孔后压力变化相似，不能判别出哪种效果更好；在湍流强度云图中，原油通过渐扩型泄流孔后湍流强度衰减更快，流场状态稳定，更有利于内检测系统的稳定运行。综合 3 种云图可得，渐扩型泄流孔结构更有利于内检测系统的稳定运行。

参 考 文 献

[1] McDonald A E, Baker O. Multiphase flow in pipelines[J]. Oil & Gas Journal, 1964, 62(27): 118-119.

[2] Nguyen T T, Kim D K, Rho Y W, et al. Dynamic modeling and its analysis for PIG flow through curved section in natural gas pipeline [C]//Proceedings 2001 IEEE International Symposium on Computational Intelligence in Robotics Andautomation. Canada, 2001.

[3] 孟浩龙，李著信，王菊芬，等. 管道内差压驱动机器人相关流场数值模拟研究[J]. 应用力学学报，2007，24(1)：102-106.

[4] 巴永峰，杨理践. 输气管道内检测器运行速度控制问题的研究[D]. 沈阳：沈阳工业大学，2011.

［5］王福军. 计算流体动力学分析——CFD 软件原理与应用［M］. 北京：清华大学出版社，2013.

［6］赵朝林. 如何判别层流和湍流［J］. 中国医学物理学杂志，1992，9(3)：16-17.

［7］李福田，倪浩清. 工程湍流模式的研究开发及其应用［J］. 水利学报，2001，5(5)：22-23.

［8］任志安，郝点，谢红杰. 几种湍流模型及其在 FLUENT 中的应用［J］. 化工装备技术，2009，30(2)：38-40.

［9］吴洪冲，雷秀. 管道机器人弯管通过性的分析［J］. 机械制造与自动化，2007，6(4)：57-59.

［10］刘成. 商业软件 Gambit 和 Fluent 在化工中的应用［J］. 计算机与应用化学，2005，22(3)：231-235.

［11］李勇，刘志友，安亦然. 介绍计算流体力学通用软件——Fluent［J］. 水动力学研究与进展，2001，16(2)：254-258.

第5章　A扫描海量数据的实时存储

在长距离输油管道的超声在线自动检测过程中，由于 A/D 采样频率高达 100MHz，同时被测管道很长，一次检测超声波内检测系统至少行进几十千米乃至上百千米，导致获取的原始超声回波(即 A 扫描波)数据量极为宏大。根据计算，本书第 3 章设计的有 24 个探头的超声波内检测实验系统每米会产生 421.71MB 的 A 扫描波形数据量，这还不包括需存储的方便离线分析使用的其他辅助数据，如传输数据总数、声速、分频比、增益、检测时间、位置等信息。而要实现管道缺陷的全面检测，超声探头需要沿被测管道横截面方向圆周均布，届时使用的探头数量将达到几百个，需要存储的数据量还要大大增加。

5.1　A扫描波形数据量与存储实时性分析

5.1.1　数据量分析

由于长距离输油管道超声波内检测系统的工作是在管道内、完全脱离外界控制的情况下完成的，所以检测器在行走过程中采集到的信号(A 扫描波形数据)需要被实时存储起来，待检测结束后再离线还原这些信号，进行数据处理得出管壁厚度，从而对管道缺陷进行判断和等级评估。每次进行管道检测时，检测的效率将直接受超声内检测系统的存储单元能够存储的 A 扫描波形数据信息量的影响。

检测过程中产生的 A 扫描波形数据量是非常巨大的。在实验室条件下，采用单探头螺旋导引(即往复)检测一个 100mm×100mm 的正方体试块，扫描与步进分辨率均为 0.5mm，产生的 A 扫描波形数据量约为 3.3GB。若超声内检测系统在实际管道中行走，其产生的 A 扫描波形数据量将更大，假设：

(1) 被测管道内径为 410mm，采用的超声探头晶片直径 D 为 10mm、沿探头环支撑架(直径 d 为 370mm)周向均布，则所需探头数为 $\pi d/D = \pi \cdot 370/10 \approx 116$。

(2) 脉冲重复频率 500Hz，检测器在管道内的平均行走速度为 0.5m/s，则同一通道的两个相邻检测点间距为 1mm。

(3) 采样深度 4920，检测距离 100km，那么产生的 A 扫描波形数据量约为 57.13TB。若用 4TB 的硬盘存储，需要 15 块，占用管道内空间非常大；若用 1TB 的 Flash 芯片存储，需要 58 片，价格约为 58 万元，非常昂贵。

然而，探头的这种排列方式并不能达到被测管壁的全覆盖，这是因为实际检测时为了提高小缺陷的检出率往往采用点聚焦探头，当超声波到达管壁时其聚焦产生的焦柱直径要比晶片直径小得多（直径 10mm 的晶片，焦柱直径仅为 1.6mm），因此采用轴向阵列的方式排列探头会大大提高被测管壁的覆盖率。假如相邻探头轴向间距为 1.5mm（保证相邻探头焦柱直径微有重叠），那么共需 7 排支撑架，每排支撑架上相邻探头间距 d_1 为 1.5mm×7 = 10.5mm，则总的探头个数为 $7×\pi d/d_1 = 7×\pi×370/10.5 ≈ 777$。若其他条件与上面相同，则检测 100km 的管道产生的 A 扫描波形数据量将为 382.34TB。若用 4TB 的硬盘存储，需要 96 块，占用管道内空间太大；若用 1TB 的 Flash 芯片存储，需要 383 片，价格约为 383 万元，非常昂贵。

另外，在上面给出的脉冲重复频率下，同一通道的两个相邻检测点间距为 1mm，若要提高缺陷的分辨率，势必要提高脉冲重复频率，那么单位距离内检测点数目增加，产生的 A 扫描波形数据量还要翻几倍。而且，如此巨大的数据量还不包括必须存储的与定位有关的信息。

5.1.2　数据实时存储分析

由于本书设计的脉冲重复频率为 25Hz，共有 24 个超声探头，采样深度 4920，这就要求每个检测点的 4920 个 A 扫描波形数据必须在 $1/(25×24)\text{s} ≈ 1.67\text{ms}$ 之内存储完毕。而在进行实际管道检测时，为了达到全覆盖，探头数要大大增加，假设为 777 个；同时由于检测速度的提升，脉冲重复频率也要大大增加，假设为 500Hz，那么每个检测点的 4920 个 A 扫描波形数据必须在 $1/(500×777)\text{s} ≈ 2.57\mu\text{s}$ 之内存储完毕。这就对数据存储的实时性提出了极高的要求，这是因为如果当前检测点的 A 扫描波形数据在下一检测点的 A 扫描波形数据到来之前没有存储完毕，则会被后续数据覆盖，造成有效数据的缺失及存储信息的混乱。因此，长距离输油管道超声波内检测系统采集的 A 扫描波形数据量非常巨大，而且要求存储速度特别快。

另一方面，由于管道内空间是很有限的，要求管道内检测系统的体积尽量小巧，以方便其通过接头、拐弯等障碍处，实现自动检测。因此，内检测系统上配置的数据存储单元的容量不可能无限大，满足不了存储全部原始 A 扫描波形数据的需要，同时还要兼顾价格因素。进而，当检测管道长度达到上百千米时，检测器在管道内行走检测管道腐蚀情况就面临海量数据的实时存储问题。针对这一关键技术问题，本书采用软硬件相结合的方法来解决：

（1）采用分散存储方式，即 24 个通道的每个通道均配置一片 Flash 存储芯片。这样大大放宽了每个检测点的 A 扫描波形数据存储的时间。重复频率 25Hz 时为 $1/25\text{s}$（40ms）；重复频率 500Hz 时为 $1/500\text{s}$（2ms）。

（2）运用数据压缩技术，对采集的 A 扫描波形数据进行高效的在线实时压缩，在保留 A 扫描波形数据关键特征的基础上去除冗余信息，能够节约数据存储的空间，增大一次检测的距离。

（3）每块板卡 8 个通道采用一片 FPGA（Field-Programmable Gate Array，现场可编程门阵列）存储器对 A 扫描波形数据进行压缩处理、缓存。利用 FPGA 硬件并行的优势，能够在每个时钟周期内完成更多的任务，从而提供更快的响应速度。但这种方法又要求每个检测点的 A 扫描波形数据存储的时间缩短：重复频率 25Hz 时为 $1/(25×8)\text{s}$（5ms）；重复频率

500Hz 时为 1/（500×8）s（0. 25ms）。

其中，第（1）种和第（3）种方法通过硬件实现，详细介绍见第 3 章；第（2）种方法是要研究适合管道超声内检测数据的在线、实时压缩技术。

目前，不论是成型的压缩软件，还是实时数据库，其采用的数据压缩算法都不同程度地存在压缩因子不高、压缩速度慢、数据还原精度不高等问题。另外，对于长距离输气管道多采用的漏磁检测方法，其单个检测点的数据量是超声检测单个检测点数据量的几千分之一，因此对压缩算法的实时性及压缩因子的要求均不高。而对于长距离输油管道多采用的超声检测方法，其产生的数据量巨大且存储速度快，对实时性的要求很高。因此它不仅要求压缩因子足够高，而且要求算法简单、快速、适合在管道检测过程中进行实时在线压缩，同时还要保证离线分析时能够很好地进行数据还原，以供后续数据处理、图像分析及缺陷识别使用。

下面首先综述国内外学者对管道超声检测数据进行压缩的方法，在此基础上对 A 扫描波形数据的形成原理进行分析并给出适合长距离输油管道超声波内检测数据的在线实时压缩算法。

5. 2 管道超声检测数据压缩技术概述

虽然国外各管道公司在实际管道检测时对采集的 A 扫描波形数据进行压缩存储，但由于数据压缩技术涉及检测数据等技术秘密，因此很少有相关介绍。国内针对长距离输油管道超声波内检测 A 扫描海量数据进行压缩的研究很少，一般都没有真正实现实时在线压缩，而是停留在仿真阶段。

Csapo G 和 Just T[1]提出 ALOK（Amplituen and Laufzeit Orts Kurren，幅度—位置、传播时间—位置曲线）算法，主要基于射频信号的半波最大值识别原理来实现。这种方法虽然压缩比较高，但会丢失信号的相位信息，在信噪比低的情况下无法重构正确的 A 扫描显示，也就不可能进一步应用离线数据处理技术来改善测量效果。

赵恒凯等人[2]对各检测点的油程数据与标准油程（即管道未腐蚀或未变形时的油程）数据进行比较，得出差值；仅保存差值较大的数据，其余舍弃，以此达到减小数据存储量的目的。但这种方法仅保存油程数据比较后的差值，不是 A 扫描波形数据，所以离线时无法对其采用数字信号处理的方法进行进一步的分析，无法对缺陷的类型进行判断。

Cardoso G 和 Saniie J[3]采用基于 Gabor-Helstrom 变换的改进连续小波变换方法对含有 10 个回波、2048 个采样点的超声信号进行了压缩，得到压缩因子 1.04。蒋鹏等人[4]根据小波变换的时频分析特性和神经经网络的非线性映射及自学习能力，提出将两种理论相结合的数据压缩算法，压缩因子分别达到 11.4 和 9。然而小波变换计算较复杂，对内存的需求量较大，因此数据压缩与还原的速度较慢，不足 100KB 的数据所用的压缩时间一般均高达几十毫秒，很难实现在线压缩，并且存在还原效果不理想等问题。

马杰等人[5]采用数据相关度理论，根据各检测点的 A 扫描波形数据与标准值（即管道未腐蚀或未变形时的 A 扫描波形数据）的相似度来筛选可疑数据；提出仅保留筛选后的数据功率谱中与壁厚频率有关部分的数据压缩算法，克服了小波包理论只能压缩部分 A 扫描波形数据的缺点。但该方法仅在高采样率的情况下有较好的压缩效果，而随着采样率的降低，压缩比也大幅下降。例如，采样率为100MHz时的压缩因子可达到 $1/(11.82\%) = 8.46$，而采样率为20MHz时的压缩因子仅为 $1/(59.03\%) = 1.69$。可见，这种方法无法实现稳定的高压缩比，并且没有在线实现。

综合以上分析，压缩算法虽然多种多样，基本思想也是可以借鉴的，但均不能同时提供足够高的压缩因子和足够快的压缩速度，也就不能应用于长距离输油管道超声波内检测海量数据的实时在线压缩。因此，深入研究A扫描波形数据的形成特点，开发出一种实时性好、运算速度快、压缩因子高、能应用于在线A扫描数据压缩的算法，从而解决长距离输油管道超声波内检测系统A扫描海量数据实时存储问题非常必要。

5.3 A扫描波形数据的形成

A扫描波形数据作为超声检测过程中采集到的原始信号，对于B扫描壁厚数据的形成具有至关重要的作用，也是超声C扫描图像形成的主要依据。A扫描波形数据实际上是超声波在其传播路径上的采样点序列的组合。图5.1显示了超声波入射到被测管道内壁，经管道内外壁与探头压电晶片表面的多次反射、透射形成A扫描波形的过程。用虚线、实线分别表示超声波在水、管道壁中的传播情况；同时用这些线的粗细来形象地表示超声波信号能量的强弱。

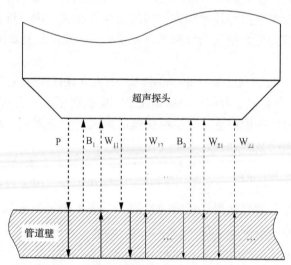

图5.1　超声波多次反射与透射示意图

P—脉冲起始波；B_1——次界面波；W_{11}—B_1 对于管壁壁厚的一次回波；W_{12}—B_1 对于管壁壁厚的二次回波；

B_2—二次界面波；W_{21}—B_2 对于管壁壁厚的一次回波；W_{22}—B_2 对于管壁壁厚的二次回波

图5.2为A扫描波形数据时域图。在同步脉冲信号的触发下，超声波发射电路产生高频电脉冲信号加到超声探头的压电晶片上，由于逆压电效应，激励压电晶片发出脉冲超声波P，垂直入射到管道内壁上。一部分声波（B_1）反射回来，打到压电晶片表面，被探头接收（指的是透射的部分）；另一部分声波透射，传至管道外壁后，一部分声波透射（由于

探头无法接收到，所以图中没有表示出来），另一部分声波又反射回来，打到管道内壁上，一部分声波（W_{11}）发生透射，被探头接收，另一部分声波发生反射，又打到外壁上，这样往复反射与透射，直至声能全部衰减完为止。

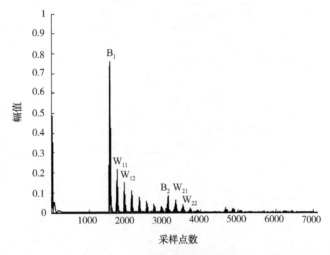

图 5.2 　A 扫描波形数据时域图

另外，声波（B_1）打到压电晶片表面，除了透射的部分（被探头接收），也会产生反射。反射波打到管道内壁上，一部分声波（B_2）反射回来，被探头接收（透射的部分）；另一部分声波透射，打到管道外壁后，一部分透射，另一部分又反射回来，打到管道内壁上，一部分声波（W_{21}）透射被探头接收，另一部分声波反射又打到外壁上，这样往复反射与透射，形成 A 扫描波形数据。

5.4　基于峰值点提取的 A 扫描波形数据压缩

5.4.1　压缩算法的提出

分析 A 扫描波形数据的产生过程可知，图 5.2 中的 B_1 为界面波，也是水程的一次回波；B_2 是水程的二次回波；W_{11}、W_{12} 分别是管道壁厚的一次回波、二次回波。在 7029 点 A 扫描波形数据中，一些关键的峰值点对应的横坐标和纵坐标标志着界面波，水程的一次回波、二次回波及管道壁厚的一次回波、二次回波等到达的时间和幅值，而其他大量数据对于管道腐蚀缺陷检测意义不大。所以，本节初步考虑通过保存 A 扫描波形数据峰值点信息（时间和幅值）的方法对其实现在线实时压缩。

5.4.2　算法实现

（1）A 扫描波形数据压缩。

基于峰值点提取的 A 扫描波形数据压缩算法的基本思想如下：首先判断第一点的幅值是否为所有数据点中的最大值，若是，则保留；然后再从第二点开始依次判断该点与其前后相邻的两点幅值间的关系，若大于前一点且不小于后一点，则保留，直至找出所有的极大值点，具体流程如图5.3所示。

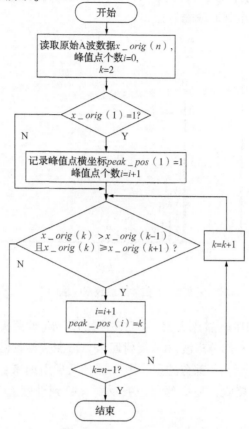

图 5.3　基于峰值点提取的 A 扫描波形数据压缩算法流程

主要源代码见表 5.1。其中 x_orig 为原始 A 扫描全检波数据，长度为 n；i 中保存了峰值点的个数；peak_pos(i)中保存了峰值点对应的横坐标序号。

表 5.1　基于峰值点提取的 A 扫描波形数据压缩算法步骤

```
Input variables：original A-wave data x_orig.

  i=0;
  if x_orig(1)==1
  i=i+1;
    peak_pos(1)=1;
  end
  for k=2：(length(x_orig)-1)
  if (x_orig(k)>x_orig(k-1) & x_orig(k)>=x_orig(k+1))
  peak_pos(i+1)=k;
      i=i+1;
    end
  end
```

图 5.4(a)为检测正常管壁厚 d_z 为 6.4mm、采样频率为 100MHz、采样点数为 7029 时的原始 A 扫描波形数据时域图；图 5.4(b)中用圆圈标记了所有峰值点。

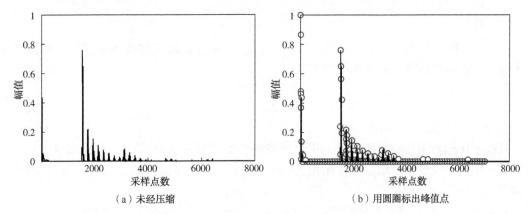

| （a）未经压缩 | （b）用圆圈标出峰值点 |

图 5.4　原始 A 扫描波形数据时域图

数据压缩结果：A 扫描波形数据压缩后剩余峰值点为 1141 个（图 5.5），用圆圈标出。

（2）A 扫描波形数据还原。

数据还原的规则：将非峰值点处的幅值补零，还原后的数据点数与原始 A 扫描波形数据点数相同，对图 5.5 中的峰值点图补零还原得到图 5.6。

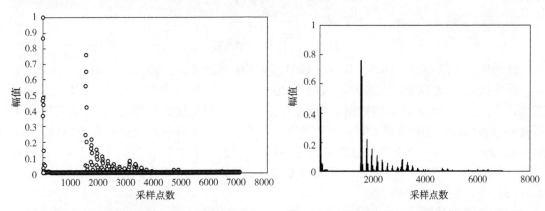

图 5.5　A 扫描波形数据压缩后剩余峰值点　　　图 5.6　数据压缩后补零还原的 A 扫描波形时域图

仅从视觉角度观察，就可以发现数据还原后的图 5.6 和数据压缩前的图 5.4(a)非常相似。那么如何准确地判断数据压缩与还原的有效性？下面通过一系列的数据压缩指标及相关算法进行验证。

5.4.3　有效性验证

（1）传统数据压缩指标。

传统的数据压缩指标主要包括三个方面：压缩能力、均方误差失真率 $MSED$ 和信号能量恢复系数 PRC[6]。

① 压缩能力包括 CR（Compression Ratio，压缩比）和 CF（Compression Factor，压缩因子）。

a. 压缩比 CR 指数据被压缩的比例，即压缩后需保存的数据量 CN 与未经压缩的原始信号数据量 NN 的比值［式(5.1)］。压缩比越小，表示压缩效果好。

$$CR = \frac{CN}{NN} \tag{5.1}$$

b. 压缩因子 CF 为压缩比的倒数［式(5.2)］，是衡量数据压缩效率的重要指标。压缩因子越大，表示压缩算法的压缩能力越强。

$$CF = \frac{1}{CR} = \frac{NN}{CN} \tag{5.2}$$

② 均方误差失真率 $MSED$。

反映了压缩数据还原后的信号与未经压缩的原始信号的偏离程度，失真率越小，说明压缩效果越好。假设未经压缩的原始信号为 $x\_orig(n)$，压缩信号还原后为 $x(n)$，则失真率如下：

$$MSED = \sqrt{\frac{\sum\limits_{i=1}^{n} \left[x\_orig(i) - x(i) \right]^2}{\sum\limits_{i=1}^{n} \left[x\_orig(i) \right]^2}} \times 100\% \tag{5.3}$$

③ 信号能量恢复系数 PRC。

$$PRC = \sqrt{\frac{\sum\limits_{i=1}^{n} x^2(i)}{\sum\limits_{i=1}^{n} x\_orig^2(i)}} \tag{5.4}$$

经程序运算得 $CR = 0.1623$，$CF = 6.1604$，$MSED = 86.64\%$，$PRC = 0.4993$。

压缩比越小(即压缩因子越大)，表明压缩后的数据占用的存储空间越小；均方误差失真率越小，表明压缩后还原的数据和原始未经压缩的数据越接近。但实际上，对于超声检测 A 扫描波形数据这种有损压缩，上面列出的判断指标在某种程度上是相互矛盾的，如期望的 CF 越大，$MSED$ 也会越大，而 PRC 会越小。因此，下文采用 FFT(Fast Fourier Transform，快速傅里叶变换)谱估计法，通过管壁厚度的求取来验证压缩算法的有效性。

(2) FFT 谱估计法求厚度。

① FFT 谱估计法。

FFT 谱估计法就是将待转换的时域信号 $x(n)$ 的 N 点观察数据 $x_N(n)$ 视为一能量有限信号，直接对其进行 FFT，得 $X_N(e^{jw})$。由于频谱图的对称性，再在其前半个周期内求幅值。

其中，FFT 是一种 DFT(Discrete Fourier Transform，离散傅里叶变换)的高效算法，基本上可分为两类：DIT(Decimation In Time，时间抽取法)和 DIF(Decimation In Frequency，频率抽取法)。以 DIF 为例，该算法是将频域 $X(k)$ 的序号 k 按奇、偶分开。对 N 点序列 $x(n)$，其离散傅里叶变换对定义为

$$\begin{cases} X(k) = \sum\limits_{n=0}^{N-1} x(n) W_N^{nk} & k = 0, 1, \cdots, N-1, \ W_N = e^{-\frac{2\pi}{jN}} \\ x(n) = \frac{1}{N} \sum\limits_{k=0}^{N-1} X(k) W_N^{-nk} & n = 0, 1, \cdots, N-1 \end{cases} \tag{5.5}$$

对式(5.5)的 DFT，先将 $x(n)$ 按序号分成上、下两部分，得

$$X(k) = \sum_{n=0}^{\frac{N}{2}-1} x(n) W_N^{nk} + \sum_{n=\frac{N}{2}}^{N-1} x(n) W_N^{nk}$$

$$= \sum_{n=0}^{\frac{N}{2}-1} x(n) W_N^{nk} + \sum_{n=0}^{\frac{N}{2}-1} x(n+\frac{N}{2}) W_N^{nk} W_N^{\frac{Nk}{2}} \tag{5.6}$$

$$= \sum_{n=0}^{\frac{N}{2}-1} \left[x(n) + W_N^{\frac{Nk}{2}} x(n+\frac{N}{2}) \right] W_N^{nk}$$

式中，$W_N^{\frac{Nk}{2}} = (-1)^k$，分别令 $k=2r$，$k=2r+1$，而 $r=0, 1, \cdots, N/2-1$，于是得

$$X(2r) = \sum_{n=0}^{\frac{N}{2}-1} \left[x(n) + x(n+\frac{N}{2}) \right] W_{\frac{N}{2}}^{nr} \tag{5.7}$$

$$X(2r+1) = \sum_{n=0}^{\frac{N}{2}-1} \left[x(n) - x(n+\frac{N}{2}) \right] W_N^{n} W_{\frac{N}{2}}^{nr} \quad r=0, 1, \cdots, \frac{N}{2}-1 \tag{5.8}$$

这样，就将一个 N 点 DFT 分成了两个 $N/2$ 点的 DFT。以此类推，直到分成若干个 2 点的DFT。

② 厚度求取原理。

观察图 5.2 的 A 扫描波形可发现，从界面波 B_1 开始到外壁回波 W_{11}、W_{12} 等，再从二次界面波 B_2 开始到外壁回波 W_{21}、W_{22} 等，它们两两间的时间差 t 是相同的，具有明显的周期性特点。对比图 5.1，由于超声波在管壁内的传播速度是一定的，因此该时间间隔都与管壁厚度成正比。由此可见，通过对多次脉冲回波信号进行 FFT 谱估计，就能得到所需的壁厚频率信息(图 5.7)。

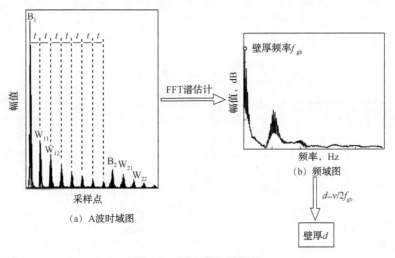

图 5.7　厚度求取原理图

由 A 扫描波形数据的形成原理知，图 5.7 中的时间差 t 为超声波在管壁中往返传播的

时间，因此，利用超声波在被测管壁中的传播速度 v 乘以时间差 t 后得到的是超声波在管壁中往返的传播距离，它是管壁厚度值的两倍。厚度求取公式如下：

$$d = \frac{vt}{2} = \frac{v}{2f_{gb}} \tag{5.9}$$

式中　d——被测管壁的厚度，m；

v——超声波在被测管壁中的传播速度，m/s；

t——时间差，s；

f_{gb}——被测管壁厚度对应的频率，Hz。

③ 厚度求取结果。

用 FFT 谱估计法分别对图 5.4(a) 的原始 A 扫描波形数据和图 5.6 的数据压缩后补零还原的 A 扫描波形数据进行频谱分析，得到的频谱图如图 5.8 所示。

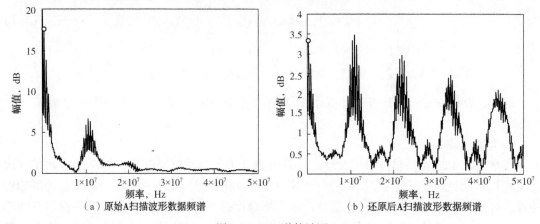

（a）原始A扫描波形数据频谱　　　　（b）还原后A扫描波形数据频谱

图 5.8　FFT 谱估计图

图 5.8 中圆圈标出的即为被测管壁厚度对应的频率，通过程序可以读取该频率值。此处为了直观，将局部放大后可直接看到该频率值，均为 5.0251×10^5 Hz（图 5.9）。

依据式(5.9)可算出管壁厚度：

$$d_c = \frac{v}{2f} = \frac{6400}{2 \times 5.0251 \times 10^5} \approx 6.368 \times 10^{-3} \text{m} = 6.368 \text{mm}$$

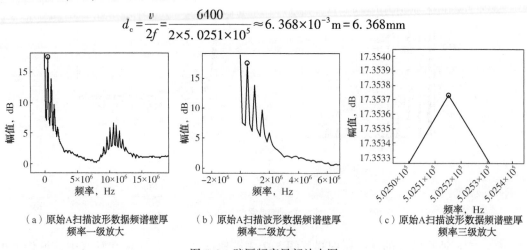

（a）原始A扫描波形数据频谱壁厚频率一级放大　　（b）原始A扫描波形数据频谱壁厚频率二级放大　　（c）原始A扫描波形数据频谱壁厚频率三级放大

图 5.9　壁厚频率局部放大图

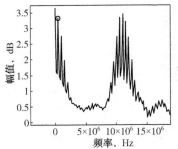 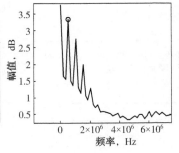 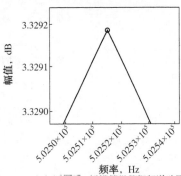

（d）还原后A扫描波形数据频谱壁厚　　（e）还原后A扫描波形数据频谱壁厚　　（f）还原后A扫描波形数据频谱壁厚
　　　频率一级放大　　　　　　　　　　　频率二级放大　　　　　　　　　　　频率三级放大

图5.9　壁厚频率局部放大图（续）

相对误差：

$$\delta_{\mathrm{d}} = \frac{d_{\mathrm{z}} - d_{\mathrm{c}}}{d_{\mathrm{z}}} \times 100\% = \frac{6.4 - 6.368}{6.4} \times 100\% = 0.5\%$$

④ 结论。

通过上面的分析可知，虽然压缩后还原的 A 扫描波形数据均方误差失真率达 86.64%，能量恢复系数仅为 0.4993，但对测厚精度没有影响，壁厚检测误差与未经压缩的 A 扫描波形数据相同，均为 0.5%。但这种压缩方法的压缩因子不大，仅为 6.1604，远远满足不了 A 扫描波形数据海量实时存储的要求。

5.5　基于阈值分割的 A 扫描波形数据压缩

5.5.1　压缩算法的提出

重新观察图 5.5 可发现，大量的圆圈（即 A 扫描波形数据压缩后剩余峰值点）出现在幅值0.1 以下。分析这些峰值点的构成情况：

（1）信噪比较高时，大部分是由管壁多次回波信号构成的。但是，管壁厚度主要是依据幅值较高的峰值点信息进行数据截取并变换得到的，这些幅值较低的峰值点信息对于壁厚数据的求取意义甚微，可舍弃。

（2）信噪比较低时，大部分是由噪声信号构成的，对于壁厚数据的求取没有意义，可舍弃。

因此，下面将设置适当的阈值，通过仅保留大于该值的 A 扫描波形数据点的方法来实现A 扫描波形数据的压缩。

5.5.2　算法实现

（1）A 扫描波形数据压缩。

基于阈值分割的 A 扫描波形数据压缩算法的基本思想：首先找到一次界面波，以其幅值的百分比作为分割阈值，依次判断各 A 扫描波形数据点与该阈值的关系，如果大于设定的阈值则保留，否则放弃，算法流程如图 5.10 所示。

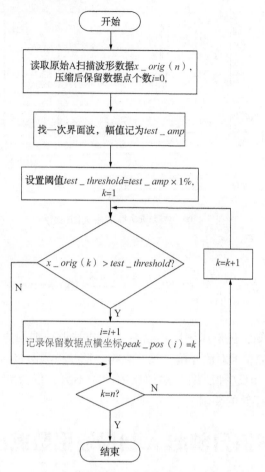

图 5.10　基于阈值分割的 A 扫描波形数据压缩算法流程

具体步骤见表 5.2。

表 5.2　基于阈值分割的 A 扫描波形数据压缩算法步骤

Input variables: percentage of threshold value threshold_percent, original A-wave data x_orig.
[test_amp, test_index] = max(x_orig(search_base: end));
test_threshold = test_amp * threshold_percent;
i = 0;
for k = 1: length(x_orig)
if(x_orig(k) > test_threshold)
peak_pos(i+1) = k;
i = i+1;
end
end

对图 5.4(a) 所示的检测正常管壁厚 6.4mm、采样点数为 7029 的同一原始 A 扫描波形数据采用基于阈值分割的数据压缩法(阈值设为一次界面波幅值的 1%), 得到压缩后保留的数据点(用圆圈标记), 如图 5.11 所示。

程序运行结果显示保留的数据点数为 837。

（2）A 扫描波形数据还原。

数据还原的规则：将非保留点处的幅值补零，还原后的数据点数与原始 A 扫描波形数据点数相同，对图 5.11 的保留点图补零还原得到图 5.12。

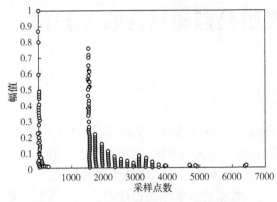

图 5.11　A 扫描波形数据压缩后的保留点　　　图 5.12　数据压缩后补零还原的 A 扫描波形时域图

5.5.3　有效性验证

（1）传统数据压缩指标。

压缩比 CR 为 0.1191，压缩因子 CF 为 8.3978，均方误差失真率 $MSED$ 为 3.4%，信号能量恢复系数 PRC 为 0.9994。

（2）FFT 谱估计法求厚度。

对图 5.12 中数据压缩后补零还原的 A 扫描波形数据采用 FFT 谱估计法得到频谱图 ［图 5.13（a）］，圆圈标记为管壁厚度对应的频率。将该频率进行局部放大［图 5.13（b）］，可见频率仍为 5.0251×10^5 Hz。

由于壁厚频率与未压缩前 A 扫描波形数据的 FFT 谱估计后得到的一致，所以依据式（5.9）可算出相同的管壁厚度 d_e 为 6.368mm，相对误差 δ_d 为 0.5%。

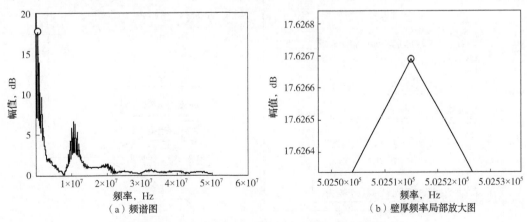

（a）频谱图　　　　　　　　　　　　　（b）壁厚频率局部放大图

图 5.13　还原的 A 扫描波形数据 FFT 谱估计图

（3）结论。

通过上面的分析可知，采用基于阈值分割的数据压缩算法压缩因子较采用基于峰值点提取的数据压缩算法有所提高，达到 8.3978；同时，均方误差失真率仅为 3.4%，而能量恢复系数高达 0.9994，接近 1。

5.6 基于峰值点提取与阈值分割相结合的 A 扫描波形数据压缩

5.6.1 压缩算法的提出

综合上面两种压缩算法可以发现，它们的压缩因子均不是很高。重新分析图 5.1 与图 5.2 所示的 A 扫描波形数据形成过程可知，不论是起始波、一次界面波、二次界面波，还是管壁厚度的一次回波、二次回波等，均在 A 扫描波形数据时域图上对应幅值较高的峰值点。

因此，只有那些幅值较高的峰值点信息对壁厚数据的形成起关键性的作用，其他信息可作为冗余而舍弃，这就是基于峰值点提取与阈值分割相结合的 A 扫描波形数据压缩算法。这种算法可以极大地提升压缩因子，同时还能保证还原后数据的有效性。

5.6.2 算法实现

（1）A 扫描波形数据压缩。

算法流程如图 5.14 所示。

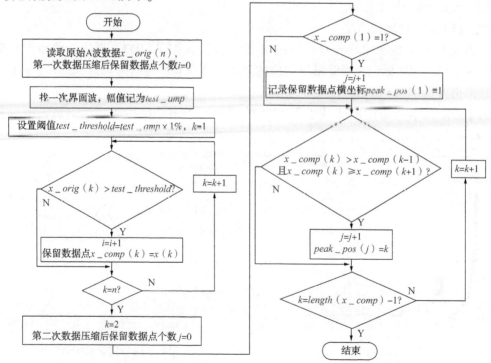

图 5.14　基于峰值点提取与阈值分割相结合的 A 扫描波形数据压缩算法流程

　　基于峰值点提取与阈值分割相结合的 A 扫描波形数据压缩算法的基本思想：首先找到一次界面波，以其幅值的百分比作为分割阈值，依次判断各 A 扫描波形数据点与该阈值的关系，如果大于设定的阈值则保留，否则放弃；然后判断保留的数据点中的第一点幅值是否为保留点中的最大值，若是则保留；接着再从保留的数据点中的第二点开始依次判断该点与其前后相邻的两点幅值间的关系，若大于前一点且不小于后一点则保留，直至找出所有的极大值点，具体步骤见表 5.3。

表 5.3　基于峰值点提取与阈值分割相结合的 A 扫描波形数据压缩算法步骤

```
Input variables: original A-wave data x, percentage of threshold value threshold_ percent.
test_ threshold = test_ amp * threshold_ percent;
i = 0;
for k = 1: length(x)
        if( x(k)>test_ threshold)
            m = k;
            x_ comp(k) = x(k);
i = i+1;
        end
end
    j = 0;
if x_ comp(1) = = 1
    j = j+1;
    peak_ pos(1) = 1;
end
for k = 2: (length(x_ comp) -1)
    if (x_ comp(k)>x_ comp(k-1) & x_ comp(k)>=x_ comp(k+1))
        j = j+1;
        peak_ pos(j) = k;
    end
end
```

　　对图 5.4(a)所示的检测正常管壁厚为 6.4mm、采样点数为 7029 的同一原始 A 扫描波形数据采用基于峰值点提取与阈值分割(阈值设为一次界面波幅值的 1%)相结合的数据压缩算法，得到压缩后保留的数据点(用圆圈标记)，如图 5.15 所示。

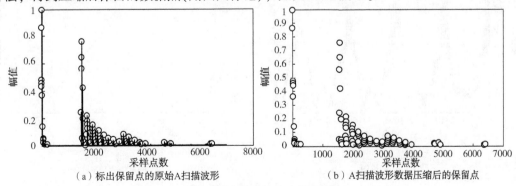

（a）标出保留点的原始A扫描波形　　　　　　（b）A扫描波形数据压缩后的保留点

图 5.15　圆圈标记的保留点

程序运行结果显示保留的数据点数为 136。

（2）A 扫描波形数据还原。

数据还原的规则：将非保留点处的幅值补零，还原后的数据点数与原始 A 扫描波形数据点数相同，对图 5.15(b)中保留点图补零还原得到图 5.16。

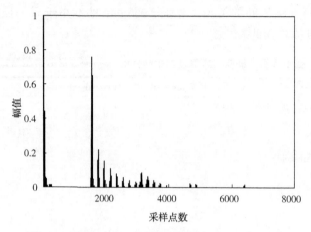

图 5.16 数据压缩后补零还原的 A 扫描波形时域图

5.6.3 有效性验证

（1）传统数据压缩指标。

压缩比 CR 为 0.0193，压缩因子 CF 为 51.6838，均方误差失真率 $MSED$ 为 86.66%，信号能量恢复系数 PRC 为 0.4990。

（2）FFT 谱估计法求厚度。

对图 5.16 中数据压缩后补零还原的 A 扫描波形数据采用 FFT 谱估计法得到频谱图[图 5.17(a)]，圆圈标记为管壁厚度对应的频率。将该频率进行局部放大[图 5.17(b)]，可见频率仍为 $5.0251×10^5$Hz。

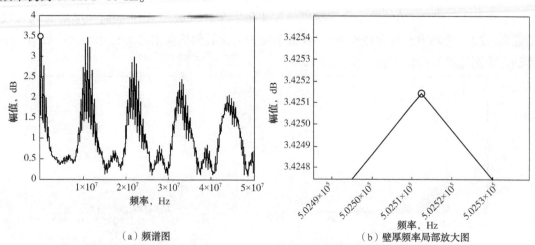

（a）频谱图 　　　　　（b）壁厚频率局部放大图

图 5.17 还原的 A 扫描波形数据 FFT 谱估计图

由于壁厚频率与未压缩前 A 扫描波形数据的 FFT 谱估计后得到的一致，因此依据式(5.9)可算出相同的管壁厚度 d_c 为 6.368mm，相对误差 δ_d 为 0.5%。

（3）结论。

通过上面的分析可知，采用基于峰值点提取与阈值分割相结合的数据压缩算法，其均方误差失真率、能量恢复系数与基于峰值点提取的数据压缩算法相似。而压缩因子较基于峰值点提取的数据压缩算法或基于阈值分割的数据压缩算法均大大提高，达到51.6838，同时还保证了还原数据的有效性——测厚精度不变。

但是，在这种方法中，阈值的选取带有一定的随机性。上面得到的结果是以一次界面波幅值的1%来设置阈值的，如果将阈值设置得更大，须保留的数据点会更少，压缩因子会进一步提高，是否会影响测厚的精度？下面详细讨论阈值的选取过程。

5.6.4　阈值的选取

由于一次界面波为超声波打到管道内壁后反射回来的第一个与壁厚有关的回波，所以以它的幅值为基准，依次乘以1%、2%、3%等作为设定的阈值，提取大于该阈值的所有峰值点作为保留的数据点存储。离线时采用补零还原的方法将压缩数据还原，进行有效性分析。

原始 A 扫描波形数据仍采用图 5.4(a)所示的检测正常管壁厚为 6.4mm、采样点数为7029 的 A 扫描波形数据，采用不同的阈值后得到的压缩指标、厚度值及误差见表5.4。

表5.4　阈值选取

阈值选取百分比,%	压缩后数据点数	压缩比	压缩因子	压缩时间, ms	壁厚, mm	相对误差,%
1	136	0.0193	51.6838	2.133	6.368	0.5
2	81	0.0115	86.7778	1.383	6.368	0.5
3	64	0.0091	109.8281	1.134	6.368	0.5
4	56	0.0080	125.5179	0.949	6.368	0.5
5	50	0.0071	140.5800	0.971	6.368	0.5
6	41	0.0058	171.4390	0.793	6.368	0.5
7	33	0.0047	213	0.720	6.368	0.5
8	29	0.0041	242.3793	0.687	6.368	0.5
9	28	0.0040	251.0357	0.662	6.368	0.5
10	24	0.0034	292.8750	0.632	6.368	0.5
11	22	0.0031	319.5000	0.684	6.368	0.5
12, 13	21	0.0030	334.7143	0.591	6.368	0.5
14, 15	19	0.0027	369.9474	0.574	6.368	0.5
16	18	0.0026	390.5000	0.567	6.368	0.5
17, 18	17	0.0024	413.4706	0.818	6.368	0.5
19	16	0.0023	439.3125	0.917	6.368	0.5
20	15	0.0021	468.6000	0.766	6.368	0.5

阈值选取百分比，%	压缩后数据点数	压缩比	压缩因子	压缩时间，ms	壁厚，mm	相对误差，%
21	14	0.0020	502.0714	0.847	6.368	0.5
22，23，24，25	13	0.0018	540.6923	0.803	6.368	0.5
26	12	0.0017	585.7500	0.683	0.478	92.5

由上表可见，阈值设置为一次界面波幅值的 25%时还可保证测厚的精度，压缩因子高达 540.6923，压缩时间仅为 0.683ms。即使阈值仅设置为一次界面波幅值的 3%，压缩因子也能达到 100 以上，压缩时间为 1.134 ms。

采用同一采样频率 100MHz 分别检测另外 3 种正常管道（壁厚分别为 12.8mm、19.1mm、25.4mm），得到采样点数分别为 7639、7639、7029 的原始 A 扫描波形数据，然后再用基于峰值点提取与阈值分割（阈值的选取采用上述过程）相结合的方法对其进行数据压缩，之后补零还原，求压缩因子及频谱，并与未压缩 A 扫描波形数据的频谱比较，验证有效性。在保证测厚精度的条件下，可选取的阈值及能达到的压缩因子如图 5.18 所示。

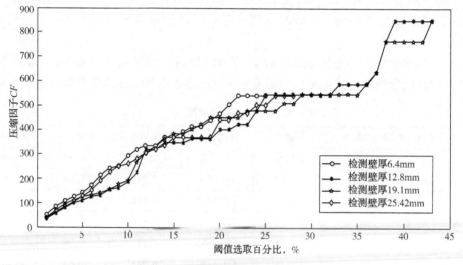

图 5.18　阈值选取与压缩因子的关系

从图 5.18 中可以看出，在保证测厚精度的条件下，检测厚度为 6.4mm 的管壁（测量值 6.368mm，相对误差 0.5%）时，最高阈值可设为一次界面波幅值的 25%，压缩因子可达 540.6923，压缩时间 0.683ms；检测厚度为 12.8mm 的管壁（测量值 12.592mm，相对误差 1.6%）时，最高阈值可设为一次界面波幅值的 43%，压缩因子可达 848.7778，压缩时间 0.791ms；检测厚度为 19.1mm 的管壁（测量值 19.040mm，相对误差 0.3%）时，最高阈值可设为一次界面波幅值的 43%，压缩因子可达 848.7778，压缩时间 0.883ms；检测厚度为 25.4mm 的管壁（测量值 25.409mm，相对误差 0.04%）时，最高阈值可设为一次界面波幅值的 28%，压缩因子可达 540.6923，压缩时间 0.733ms。综合来看，阈值设为一次界面波幅值的 4%时，压缩因子均能达到 100 以上；阈值设为一次界面波幅值的 11%时，压缩因子均能达到 200 以上；阈值设为一次界面波幅值的 12%时，压缩因子均能达到 300 以上；阈值设为一次界面波幅值的 20%时，压缩因子均能达到 400 以上；阈值设置超过一次界面波幅值的 25%时，部分压缩结果不能保证测厚精度。

因此在实际检测时，要同时考虑压缩因子和测厚精度，保守设置可选取阈值为一次界面波幅值的 10%，压缩因子可达到 200～300，压缩时间为 0.6ms 左右。相比压缩因子仅为 10 左右的小波压缩算法及实时数据库采用的压缩因子可达 75 左右的旋转门之类的压缩算法，本章设计的算法压缩因子大大提高；同时，算法简单、运算速度快，每块板卡采用一片 FPGA 即可实现(见第 3 章)，有效解决了长距离输油管道超声波内检测海量数据的实时压缩存储问题。

参 考 文 献

[1] Csapo G, Just T. Specifications of digital ultrasonic instruments in in-service inspection of nuclear power plants[J]. The e-Journal of Nondestructive Testing & Ultrasonics, 1998, 3(5).

[2] 赵恒凯，方振和，章俊. 输油管道探伤机器人的数据采集技术[J]. 无损检测，2002，24(3)：103-107.

[3] Cardoso G, Saniie J. Ultrasonic data compression via parameter estimation[J]. IEEE Transactions on Ultrasonics, Ferroelectrics, and Frequency Control, 2005, 25(2): 313-325.

[4] 蒋鹏，黄清波，尚群立，等. 基于小波网络的数据压缩方法研究[J]. 仪器仪表学报，2005，26(12)：1244-1247.

[5] 马杰，戴波，贺小军. 基于功率谱估计的管道腐蚀超声波内检测数据压缩研究[J]. 科技通报，2010，26(5)：696-703.

[6] 吴家安. 数据压缩技术及应用[M]. 北京：科学出版社，2008.

第6章 B扫描壁厚数据的精确形成

长距离输油管道超声波内检测的核心问题是对采集的回波信号进行分析与解释，即将压缩存储的 A 扫描波形数据离线还原并处理，转换为 B 扫描数据，形成精确的壁厚信息，从而充分掌握管道的腐蚀状况，实现对缺陷的定性定量分析。

6.1 B扫描壁厚数据形成方法研究进展

针对 B 扫描数据的精确形成问题，国内外学者做了大量的研究工作。具体解决方案主要有噪声处理和数据转换。

（1）噪声处理。

超声检测的回波信号（A 扫描波形数据）中不仅含有大量与腐蚀缺陷有关的信息，而且也混有很多干扰噪声，这些噪声一般分为两大类：非声学噪声和声学噪声。

非声学噪声[1]主要有电子电路噪声（简称电噪声）、脉冲噪声和振铃噪声等。其中，电噪声是由硬件电路中的随机扰动（如电路中元器件的电子热运动、半导体器件中载流子的不规则运动等）产生的，没有规律性，其出现的时间和幅值是随机的。声学噪声一般指材料噪声，主要来源于材料晶界的散射。与电噪声不同，它是静止的、相关的。在超声检测过程中，如果探头不动，那么多次采集的超声回波信号中的材料噪声近似相同。

这些噪声会不同程度地干扰有用信号，造成后续处理困难。传统的解决方案是通过超声探头工艺的改进来提高缺陷的检测率，但这种方法并不对噪声进行处理，有一定的局限性；要精确获得缺陷的特征信息，必须从根本上解决问题，即降噪。

采用互相关分析法可以有效消除噪声对回波信号的影响，但是一次相关运算需要进行 N^2 次乘法运算和 $N(N-1)$ 次加法运算，当检测一定距离的管道时，超声回波信号数据量很大，相应的运算量会非常大[2]。采用信号平均技术可以消除电噪声，且平均次数越多，滤波效果越好，但平均次数过多又会降低检测效率。因此在实际应用中，平均次数的选取需综合考虑两方面的因素，不确定性较大[3]。

近年来应用较多的一种信号降噪方法是小波分析，它又分为小波变换（WT）和小波包变换。小波变换具有多分辨率特性，其时频窗口在低频段时间轴上变宽而在频率轴上变窄，高频段则相反，能够同时体现信号的缓变特征和突变特征；小波包变换是对小波变换的改进，不仅能够克服小波变换高频分辨率差的缺点，而且能够自适应地表示信号的时频特征，在超声无损检测噪声处理中已有很多应用。郭晓霞等人[4]提出对 garrote 阈值寻优后量化小波分解系数的粒子群优化算法与小波变换相结合的去噪方法，降低了硬阈值函数的不连续性和软阈值函数的恒定偏差；分析各频带上信号与噪声小波包系数不同的特点，将四种常用的阈值选取准则结合在一起并应用到超声检测信号的噪声处理中，取得较好的效果。谢建等人[5]采用启发式阈值选择规则(heursure)、软阈值处理方法、Sym8 小波基对超声管外测压信号去噪，效果较好。

虽然采用小波分析进行超声无损检测信号的噪声处理效果良好，但是小波基、小波分解层数与阈值等参数的选择随机性较大，选择不当会对去噪效果影响很大。

（2）数据转换。

数据转换的方法主要分三大类：闸门法、一次脉冲反射法和基于数字信号处理的方法。

① 闸门法。

闸门法是传统探伤仪中广泛采用的一种数据转换方法，主要原理是采用一定宽度的闸门来套伤波的方法达到检测目的。曹微微[6]设计了双闸门的功能，其中一个闸门主要用于检测和测量试件的缺陷，而两个闸门同时使用可用来对探伤系统进行校准及多回波信号的同时测量。

闸门法常用于板材或工件的无损探伤，虽然原理简单，回波信号的处理速度快，但闸门中出现的峰值不止一个时会给检测结果带来较大的误差，所以并不适用于长输管道腐蚀超声波内检测回波信号的处理。

② 一次脉冲反射法。

一次脉冲反射法的基本原理是无论 A 扫描图中存在多少回波，它都只用前两个回波计算管壁剩余厚度，其余回波不予考虑。

采用模拟式管道超声检测器对 Prudhoe Bay 油田的 3 条管线进行检测并运用一次脉冲反射法进行回波信号的处理，结果给出的腐蚀情况与实际的腐蚀情况(采用手动 X 射线技术及超声波技术测量得到)严重不符：对选择的 100 个检测点进行检测，结果均夸大了管道的内腐蚀程度[7]。在管道均匀腐蚀的情况下，这种方法能够得出正确的管壁剩余厚度；而在管道非均匀腐蚀的情况下，尤其是管道内壁出现腐蚀并且其面积小于探头面积时，这种方法就极易产生误判。

可见，模拟式的信号处理方法虽然运算速度快，但是当回波信号复杂时，不能够做定量分析，极易出现误差，因此也不适用于长距离输油管道超声波内检测回波信号的处理。

③ 基于数字信号处理的方法。

几乎所有经典的和现代的数字信号处理方法，如相关分析、卷积分析、傅里叶变换、希尔伯特变换、小波变换、人工神经网络、经典谱估计、现代谱估计、高阶谱估计、模糊算法、遗传算法、盲信号处理算法、分形算法、支持向量机算法及多种算法的组合及寻优等，都曾被用于超声回波信号的处理。

采用 FFT 可将超声 A 扫描回波信号由时域变换到频率域，再去除直流分量，找出壁厚对应的频率，进而可计算出管壁厚度[8]。这种算法的不足之处是需要人工读取壁厚频率，比较适合对单个检测点做人工壁厚分析；如果对被测工件进行连续采样，并对得到的多个检测点做自动壁厚分析，结果就会出现较大偏差。

戴波等人[9]采用径向基核函数支持向量机法(SVM)对超声 A 扫描回波信号进行处理，分别采用一对多和层(树)分类两种方法实现了管道腐蚀等级的自动分类识别。但支持向量机方法属于分类方法，其训练样本集的选择直接决定分类的成功率，如果选择不合适就会造成分类错误。然而，被测管道多深埋于地下，无法预知管体腐蚀缺陷的类型，因而训练样本集选取困难，这种方法不适用于长距离输油管道超声波内检测系统 B 扫描壁厚数据的形成。

Rhim J 和 Lee S W[10]采用人工神经网络对超声回波信号进行处理；陈国华等人[11]采用小波分析与神经网络相结合的方法进行裂纹深度的识别。但神经网络在使用时会存在一些问题，如适应性不强、参数不易选择、训练时间长等，因此人工神经网络在实际中的应用较少。

综上所述，虽然超声信号的处理方法多种多样，但处理效果并不理想，真正适合于长距离输油管道超声波内检测的 B 扫描壁厚数据的精确形成方法有待进一步研究。

本书在第 5 章中对压缩后还原的 A 扫描波形数据进行验证时，使用的壁厚转换算法是 FFT 频谱估计，它能给出被分析信号的能量随频率的分布情况，具有算法简单、运算速度快等优点。但该算法属于二阶统计量的范畴，它分析的信号要求服从高斯分布，而这只是一种习惯性的假设；同时，它也不能辨识非最小相位系统并且对加性噪声敏感。然而，对长距离输油管道超声波内检测回波信号（A 扫描波形数据）来说，实际的情况是其具有非因果特性与非最小相位特性。

6.2 A 扫描波形数据特性分析

根据波动理论[12]，对长距离输油管道超声波内检测回波信号建立一维标准波动方程：

$$\frac{\partial^2 u(t,\ x)}{\partial t^2} = c^2 \frac{\partial^2 u(t,\ x)}{\partial x^2} \tag{6.1}$$

式中　$u(t,\ x)$——质点在 t 时刻 x 轴方向的位移；

　　　c——波速。

又有 $c = (\mu/\rho)^{\frac{1}{2}}$，其中 μ 为无阻尼状态下介质的弹性模量，ρ 为介质的密度。

假设质点在 $x=0$ 处的位移 $u(t,\ 0)$ 为一 δ 脉冲，即 $u(t,\ 0) = \delta(t)$，则此脉冲将产生沿 x 轴正向传播的超声波 $\delta(t-x/c)$。其傅里叶变换为

$$U(\omega,\ x) = \frac{1}{2\pi} \int_{-\infty}^{\infty} \delta\left(t - \frac{x}{c}\right) e^{-j\omega t} \mathrm{d}t = \frac{1}{2\pi} e^{-j\omega \frac{x}{c}} \tag{6.2}$$

式中　j——虚数单位；

　　　w——角频率。

而超声波在管道中传播时会受到阻力的作用，须考虑阻尼效应，则介质的弹性模量会发生变化，用 μ^* 表示：

$$\mu^* = [1 + 2\zeta j \cdot \mathrm{sgn}(\omega)]\mu, \ \omega \in (-\infty,\ \infty) \tag{6.3}$$

其中，ζ 为阻尼比，$\mathrm{sgn}(\omega)$ 为符号函数。

$$\mathrm{sgn}(\omega) = \begin{cases} 1 & \omega > 0 \\ 0 & \omega = 0 \\ -1 & \omega < 0 \end{cases} \tag{6.4}$$

由于弹性模量发生了变化，波速也随之变化，用 c^* 表示：

$$c^* = \sqrt{\frac{\mu^*}{\rho}} = c\sqrt{1+2\zeta j \cdot \mathrm{sgn}(\omega)} \approx c[1+\zeta j \cdot \mathrm{sgn}(\omega)] \tag{6.5}$$

上式的近似考虑了阻尼比 ζ 为一小数。

用式(6.5)的 c^* 替换式(6.2)中的 c，可以得到

$$U(\omega, x) = \frac{1}{2\pi} \mathrm{e}^{-|\omega|\frac{\zeta x}{c}} \mathrm{e}^{-j\omega \frac{x}{c}} \tag{6.6}$$

对式(6.6)进行傅里叶反变换得

$$
\begin{aligned}
U(t, x) &= \int_{-\infty}^{\infty} U(\omega, x) \mathrm{e}^{j\omega t} \mathrm{d}\omega \\
&= \frac{1}{2\pi} \int_{-\infty}^{\infty} \mathrm{e}^{-|\omega|\frac{\zeta x}{c}} \mathrm{e}^{-j\omega \frac{x}{c}} \mathrm{e}^{j\omega t} \mathrm{d}\omega \\
&= \frac{1}{\pi} \left[\frac{\dfrac{\zeta x}{c}}{\left(\dfrac{\zeta x}{c}\right)^2 + \left(t - \dfrac{x}{c}\right)^2} \right]
\end{aligned} \tag{6.7}
$$

由式(6.7)可知，在 x 轴上任意给定一点 $x(x>0)$，在波还未到达时，即 $t<x/c$ 时，$u(t, x) \neq 0$。这表明长距离输油管道超声波内检测回波信号不满足因果律，从而导致 A 扫描波形数据具有非因果特性与非最小相位特性。而通过第 5 章图 5.1 超声波多次反射与透射形成 A 扫描数据的过程可知，这两种特性的形成是由于超声波在传播过程中会发生吸收衰减与频散现象。因此二阶统计量(时域为相关函数、频域为功率谱密度)在处理这种信号时会力不从心。而高阶统计量不但具有二阶统计量的优点，而且包含更为丰富的信息，如相位、高斯性等，因此可用来分析非最小相位系统与非高斯信号。

本章将运用高阶统计量的相关知识对长距离输油管道超声波内检测回波信号进行处理和分析，实现壁厚特征的精确自动提取。

6.3 高阶统计量

高阶统计量主要包含 4 种[13]：高阶矩、高阶累积量、高阶矩谱和高阶累积量谱。

6.3.1 高阶矩与高阶累积量

假设连续随机变量 $x(t)$，其概率密度函数为 $f(x)$，则任意函数 $g(x)$ 的数学期望可定义为

$$E\{g(x)\} \overset{\text{def}}{=} \int_{-\infty}^{\infty} f(x)g(x)\mathrm{d}x \tag{6.8}$$

特别地，当 $g(x) = \mathrm{e}^{j\omega x}$ 时，则有

$$\Phi(\omega) \overset{\text{def}}{=} E\{\mathrm{e}^{j\omega x}\} = \int_{-\infty}^{\infty} f(x)\mathrm{e}^{j\omega x}\mathrm{d}x \tag{6.9}$$

式(6.9)也被称之为第一特征函数。由于概率密度函数$f(x) \geq 0$，所以第一特征函数在原点有最大值，即$|\Phi(\omega)| \leq \Phi(0) = 1$。

求第一特征函数的k阶导数，得

$$\Phi^{(k)}(\omega) = \frac{\mathrm{d}^k \Phi(\omega)}{\mathrm{d}\omega^k} = j^k E\{x^k \mathrm{e}^{j\omega x}\} \tag{6.10}$$

随机变量$x(t)$的k阶原点矩m_k和中心矩μ_k分别定义为

$$m_k \overset{\mathrm{def}}{=} E\{x^k\} = \int_{-\infty}^{\infty} x^k f(x)\,\mathrm{d}x \tag{6.11}$$

$$\mu_k \overset{\mathrm{def}}{=} E\{(x-\eta)^k\} = \int_{-\infty}^{\infty}(x-\eta)^k f(x)\,\mathrm{d}x \tag{6.12}$$

式(6.12)中$\eta = E\{x\}$，表示随机变量x的一阶矩(即均值)。如果随机变量$x(t)$的一阶矩为0，则其k阶原点矩m_k等于k阶中心矩μ_k。

令式(6.10)中的$\omega = 0$，可求出x的k阶矩为

$$m_k = E\{x^k\} = (-j)^k \left.\frac{\mathrm{d}^k \Phi(\omega)}{\mathrm{d}\omega^k}\right|_{\omega=0} = (-j)^k \Phi^{(k)}(0) \tag{6.13}$$

同理，随机变量$x(t)$的第二特征函数定义为

$$\Psi(\omega) \overset{\mathrm{def}}{=} \ln\Phi(\omega) \tag{6.14}$$

其k阶累积量为

$$c_k = (-j)^k \left.\frac{\mathrm{d}^k \ln\Phi(\omega)}{\mathrm{d}\omega^k}\right|_{\omega=0} = (-j)^k \Psi^{(k)}(0) \tag{6.15}$$

以上定义可推广至多个随机变量。

假设$x_1, \cdots, x_m$是m个连续随机变量，其联合概率密度函数为$f(x_1, \cdots, x_m)$，则第一联合特征函数定义为

$$\Phi(\omega_1, \cdots, \omega_m) \overset{\mathrm{def}}{=} E\{\mathrm{e}^{j(\omega_1 x_1 + \cdots + \omega_m x_m)}\}$$

$$= \int_{-\infty}^{\infty} \cdots \int_{-\infty}^{\infty} f(x_1, \cdots, x_m)\,\mathrm{e}^{j(\omega_1 x_1 + \cdots + \omega_m x_m)}\,\mathrm{d}x_1 \cdots \mathrm{d}x_m \tag{6.16}$$

同样，m个连续随机变量第二联合特征函数定义为

$$\Psi(\omega_1, \cdots, \omega_m) = \ln\phi(\omega_1, \cdots, \omega_m) \tag{6.17}$$

于是定义m个连续随机变量$\{x_1, \cdots, x_m\}$的r阶联合矩为

$$m_{r_1 \cdots r_m} \overset{\mathrm{def}}{=} E\{x_1^{r_1} x_2^{r_2} \cdots x_m^{r_m}\} = (-1)^j \left.\frac{\partial^r \phi(\omega_1 \cdots \omega_m)}{\partial\omega_1^{r_1} \cdots \partial\omega_m^{r_m}}\right|_{\omega_1 = \cdots = \omega_m = 0} \tag{6.18}$$

r阶联合累积量为

$$c_{r_1 \cdots r_m} \overset{\mathrm{def}}{=} cum(x_1^{r_1}, \cdots, x_m^{r_m}) = (-1)^j \left.\frac{\partial^r \ln\phi(\omega_1 \cdots \omega_m)}{\partial\omega_1^{r_1} \cdots \partial\omega_m^{r_m}}\right|_{\omega_1 = \cdots = \omega_m = 0} \tag{6.19}$$

其中$r = r_1 + r_2 + \cdots + r_m$。

在实际应用中，通常取$r_1 = r_2 = \cdots = r_m = 1$，从而得到$k$个随机变量的$k$阶矩(Moment)和$k$阶累积量(Cumulant)，分别为

$$m_k = m_{r_1 \cdots r_k} = E(x_1, \ x_2, \cdots, \ x_k) \tag{6.20}$$

$$c_k = c_{r_1 \cdots r_k} = cum(x_1, \ x_2, \cdots, \ x_k) \tag{6.21}$$

对于具有零均值的实随机变量，其二阶、三阶、四阶累积量分别为

$$cum(x_1, \ x_2) = E\{x_1 x_2\}$$

$$cum(x_1, \ x_2, \ x_3) = E\{x_1 x_2 x_3\} \tag{6.22}$$

$$cum(x_1, \ x_2, \ x_3, \ x_4) = E\{x_1 x_2 x_3 x_4\} - E\{x_1 x_2\}E\{x_3 x_4\} - E\{x_1 x_3\}E\{x_2 x_4\} - E\{x_1 x_4\}E\{x_2 x_3\}$$

可见，三阶及以下的矩和累积量是等价的，而三阶以上不同。同理，利用高阶累积量同样可以确定高阶矩。

对于高斯信号的高阶矩与高阶累积量[14]，假设高斯随机变量 x 的均值为 0，方差为 σ^2。概率密度函数为

$$f(x) = \frac{1}{\sqrt{2\pi}\,\sigma} e^{-\frac{x^2}{2\sigma^2}} \tag{6.23}$$

则随机变量 x 的矩生成函数为

$$\Phi(\omega) = \int_{-\infty}^{\infty} f(x) e^{j\omega x} \mathrm{d}x = \frac{1}{\sqrt{2\pi}\,\sigma} \int_{-\infty}^{\infty} e^{(-\frac{x^2}{2\sigma^2} + j\omega x)} \mathrm{d}x = e^{\frac{-\sigma^2 \omega^2}{2}} \tag{6.24}$$

求 $\Phi(\omega)$ 的各阶导数，有

$$\Phi^{(1)}(\omega) = -\sigma^2 \omega e^{-\frac{\sigma^2 \omega^2}{2}}$$

$$\Phi^{(2)}(\omega) = (\sigma^4 \omega^2 - \sigma^2) e^{-\frac{\sigma^2 \omega^2}{2}}$$

$$\Phi^{(3)}(\omega) = (3\sigma^4 \omega - \sigma^6 \omega^3) e^{-\frac{\sigma^2 \omega^2}{2}} \tag{6.25}$$

$$\Phi^{(4)}(\omega) = (3\sigma^4 - 6\sigma^6 \omega^2 + \sigma^8 \omega^4) e^{-\frac{\sigma^2 \omega^2}{2}}$$

将这些值代入式（6.13），即可得到高斯随机变量的各阶矩：$m_1 = 0$，$m_2 = \sigma^2$，$m_3 = 0$，$m_4 = 3\sigma^4$。

对结果进行推广，对任意整数 k，高斯随机变量 x 的矩可以描述为

$$m_k = \begin{cases} 0 & k = 奇数 \\ 1 \times 3 \times \cdots \times (k-1) \sigma^k & k = 偶数 \end{cases} \tag{6.26}$$

高斯随机变量的累积量生成函数为

$$\Psi(\omega) = \ln\Phi(\omega) = -\frac{\sigma^2 \omega^2}{2} \tag{6.27}$$

其各阶导数为

$$\Psi^{(1)}(\omega) = -\sigma^2 \omega$$

$$\Psi^{(2)}(\omega) = -\sigma^2 \tag{6.28}$$

$$\Psi^{(k)}(\omega) = 0 \qquad k = 3, \ 4, \ \cdots$$

从而得到高斯随机变量的各阶累积量为

$$c_1 = 0$$

$$c_2 = \sigma^2 \tag{6.29}$$

$$c_k = 0 \qquad k = 3, \ 4, \ \cdots$$

由上面的推导加以推广可知，对于高斯随机过程，如果其均值为0，那么其一阶累积量等于均值；二阶累积量与二阶矩相同，均等于随机变量的方差；三阶及以上的累积量（即高阶累积量）恒等于0；其奇数阶矩恒为0，而偶数阶矩不为0。

可见，高阶累积量对高斯随机过程不敏感。因此，理论上，高阶累积量具有完全消除高斯噪声的能力，从而提高被分析信号的信噪比。然而，高阶矩不恒为0，没有消除高斯噪声的能力，因此一般采用高阶累积量来分析非高斯过程。

6.3.2 高阶矩谱与高阶累积量谱

若平稳随机信号 $x(n)$ 的均值为0，则其相关函数与功率谱密度构成傅里叶变换对，根据这个原理可以构造随机过程的高阶矩和高阶累积量的谱。

假定高阶矩是绝对可和的，即

$$\sum_{\tau_1=-\infty}^{\infty} \cdots \sum_{\tau_{k-1}=-\infty}^{\infty} |m_{kx}(\tau_1, \cdots, \tau_{k-1})| < \infty \tag{6.30}$$

那么 k 阶矩谱定义为 k 阶矩的 $k-1$ 维傅里叶变换，即

$$M_{kx}(\omega_1, \cdots, \omega_{k-1}) = \sum_{\tau_1=-\infty}^{\infty} \cdots \sum_{\tau_{k-1}=-\infty}^{\infty} m_{kx}(\tau_1, \cdots, \tau_{k-1}) e^{-j(\omega_1\tau_1+\cdots+\omega_{k-1}\tau_{k-1})} \tag{6.31}$$

假定高阶累积量是绝对可和的，即

$$\sum_{\tau_1=-\infty}^{\infty} \cdots \sum_{\tau_{k-1}=-\infty}^{\infty} |c_{kx}(\tau_1, \cdots, \tau_{k-1})| < \infty \tag{6.32}$$

那么 k 阶累积量谱定义为 k 阶累积量的 $(k-1)$ 维离散傅里叶变换，即有

$$S_{kx}(\omega_1, \cdots, \omega_{k-1}) = \sum_{\tau_1=-\infty}^{\infty} \cdots \sum_{\tau_{k-1}=-\infty}^{\infty} c_{kx}(\tau_1, \cdots, \tau_{k-1}) e^{-j(\omega_1\tau_1+\cdots+\omega_{k-1}\tau_{k-1})} \tag{6.33}$$

由于常用高阶累积量来分析非高斯过程，所以一般将高阶累积量谱简称为高阶谱。其中，以三阶谱和四阶谱的应用最多[15]。

特别地，在式（6.33）中，当 $k=3$ 时，$S_{3x}(\omega_1, \omega_2) = \sum_{\tau_1=-\infty}^{\infty} \sum_{\tau_2=-\infty}^{\infty} c_{3x}(\tau_1, \tau_2) e^{-j(\omega_1\tau_1+\omega_2\tau_2)} = B_x(\omega_1, \omega_2)$，称为三阶谱，又称双谱（bispectrum）；当 $k=4$ 时，$S_{4x}(\omega_1, \omega_2) = \sum_{\tau_1=-\infty}^{\infty} \sum_{\tau_2=-\infty}^{\infty} \sum_{\tau_3=-\infty}^{\infty} c_{4x}(\tau_1, \tau_2, \tau_3) e^{-j(\omega_1\tau_1+\omega_2\tau_2+\omega_3\tau_3)} = T_x(\omega_1, \omega_2, \omega_3)$，称为四阶谱，又称三谱（trispectrum）。

其中，双谱是高阶谱中阶数最低的谱，运算量最小，能有效抑制高斯噪声，同时包含二阶谱所没有的相位等信息，所以下面采用双谱对A扫描波形数据进行处理。

6.4 双谱

6.4.1 双谱的主要性质

（1）双谱一般为复数，即

$$B_x(\omega_1,\ \omega_2) = \left| B_x(\omega_1,\ \omega_2) \right| e^{j\varphi_B(\omega_1,\omega_2)} \tag{6.34}$$

式中　$\left| B_x(\omega_1,\ \omega_2) \right|$——双谱的幅值；

　　　$\varphi_B(\omega_1,\ \omega_2)$——双谱的相位。

（2）双谱是双周期函数，两个周期均为 2π，即

$$B_x(\omega_1,\ \omega_2) = B_x(\omega_1+2\pi,\ \omega_2+2\pi) \tag{6.35}$$

（3）高斯过程的双谱恒为零。

（4）双谱具有以下的对称性：

$$B_x(\omega_1,\ \omega_2) - B_x(\omega_2,\ \omega_1) = B_x^*(-\omega_1,\ -\omega_2) = B_x^*(-\omega_2,\ -\omega_1)$$
$$= B_x(-\omega_1-\omega_2,\ \omega_2) = B_x(\omega_1,\ -\omega_1-\omega_2) \tag{6.36}$$
$$= B_x(-\omega_1-\omega_2,\ \omega_1) = B_x(\omega_2,\ -\omega_1-\omega_2)$$

上式中，$*$ 表示复共轭。双谱 $B_x(\omega_1,\ \omega_2)$ 的对称线有 $\omega_1=\omega_2$，$\omega_1=0$，$\omega_2=0$，$2\omega_1=-\omega_2$，$2\omega_2=-\omega_1$，$\omega_1=-\omega_2$ 共 6 条，将双谱定义区域分成 12 个扇形区（图 6.1）。其中，阴影区域 $C=\{(\omega_1,\omega_2)\mid \omega_1\geqslant 0,\ \omega_1\geqslant\omega_2\}$ 是双谱 $B_x(\omega_1,\ \omega_2)$ 在 $(\omega_1,\ \omega_2)$ 平面内的主域。由于双谱具有对称性，因此只要得到主域内的双谱，就可以使用对称关系式求出其他扇形区内的双谱值，从而实现所有区域双谱的完全描述。

可见，双谱是复数，不仅含有幅值信息，还含有相位信息，因此可用来检测非线性相位耦合。非线性相位耦合现象[16]在频域的表现如下：频率的变化与其相位的变化相同，某一频率成分为两个频率成分的和或差，相应的相位等于这两个频率成分的相位和或差；频率间的比值等于相位间的比值。而功率谱没有这种特点，它将每一频率成分看作是统计独立的，这与实际情况不符。另外，双谱主要是对二次相位耦合敏感。

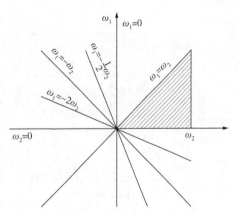

图 6.1　双谱对称线和主域

6.4.2　双谱估计算法

双谱估计算法分为非参数化方法和参数化方法两种[17]。非参数法又分为直接法（FFT 方法）和间接法（相关法），其中由于 FFT 运算速度快，因此在此采用直接法。

（1）将要处理的数据 $x(0),\cdots,\ x(N-1)$（长度为 N）分成 k 段，每段 M 个样本，即 $x^{(i)}(0)$，$x^{(i)}(1),\cdots,\ x^{(i)}(M-1)$。其中，$N=k\cdot M$；$i=1,\cdots,\ k$。

（2）计算 DFT 系数。

$$X^{(i)}(m) = \frac{1}{M}\sum_{n=0}^{M-1} x^{(i)}(n)\,\mathrm{e}^{-j2\pi mn/M} \qquad m=0,\ \cdots,\ M/2;\ i=1,\ \cdots,\ k \tag{6.37}$$

式中　$x^{(i)}(n)$——第 i 段数据。

（3）计算 DFT 系数的三重相关。

$$\hat{b}_i(m_1,\ m_2) = \frac{1}{\Delta\omega^2}\sum_{p_1=-L_1}^{L_1}\sum_{p_2=-L_1}^{L_1} X^{(i)}(m_1+p_1)X^{(i)}(m_2+p_2)X^{(i)}(-m_1-p_1-m_2-p_2) \tag{6.38}$$

其中，$\Delta\omega = f_s/N_0$，$0 \leqslant m_2 \leqslant m_1$，$m_1 + m_2 \leqslant f_s/2$，且 N_0、L_1 必须满足 $M = (2L_1 + 1) \cdot N_0$。

（4）待处理数据的双谱估计由 k 段双谱估计的平均值给出，即

$$B_x(\omega_1, \omega_2) = \frac{1}{k} \sum_{i=1}^{k} \hat{b}_i(\omega_1, \omega_2) \tag{6.39}$$

其中

$$\omega_1 = m_1 \cdot \frac{f_s}{N_0}, \quad \omega_2 = m_2 \cdot \frac{f_s}{N_0} \tag{6.40}$$

6.4.3 仿真验证

采用直接法双谱估计对第 5 章图 5.4（a）所示的检测正常管壁厚 6.4mm、采样频率 100MHz、采样点数为 7029 的原始 A 扫描波形数据时域图进行处理，将其分为 $k = 5$ 段，每段FFT 的长度 M 为 881，数据重叠数 p 为 50，采样序列分段时加 Rao-Gabr 理想窗，得到图 6.2所示的双谱幅值等高线图和三维图。

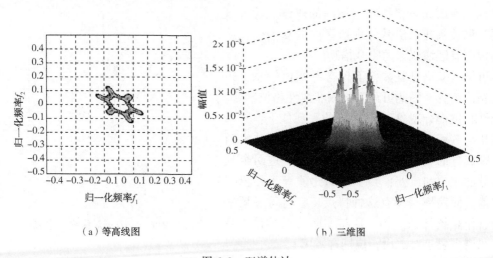

（a）等高线图 （b）三维图

图 6.2 双谱估计

从图 6.2 中可以看到明显的峰值，出现在频率对(0.05，0.05)处，不仅给出了二次相位耦合现象的位置(再由双谱的对称性可得到另外 11 个峰值的位置)，还表明双谱对高斯噪声有一定的抑制作用。但双谱是二维的函数，描述其幅值的图像是三维的，分析起来不如功率谱容易。因此，若采用"降维"的方法，将双谱投影到一维频率空间上，提取双谱的一维对角切片来分析回波信号的特征，可大大提高数据处理的直观性。

6.5 $1\frac{1}{2}$ 维谱

6.5.1 算法基本思想[18]

选择一组特殊的滞后时间 $\tau_1 = \cdots = \tau_{k-1} = \tau$。

对于零均值平稳随机过程 $x(n)$，其三阶累积量和三阶矩相等，三阶累积量定义为

$$C_{3x}(\tau_1,\ \tau_2)=E[x(n)x(n+\tau_1)x(n+\tau_2)] \tag{6.41}$$

取 $\tau_1=\tau_2$，得到三阶累积量的主对角切片：

$$C(\tau)=C_{3x}(\tau,\ \tau)=E[x(n)x(n+\tau)x(n+\tau)] \tag{6.42}$$

对 $C(\tau)$ 进行一维傅里叶变换可得到 $x(n)$ 的 $1\frac{1}{2}$ 维谱，即

$$SB(\omega)=\sum_{\tau=-\infty}^{\infty}C(\tau)\mathrm{e}^{-j2\pi\omega t} \tag{6.43}$$

$1\frac{1}{2}$ 维谱的实质是双谱在 $\omega_1=\omega_2$ 上的投影。

6.5.2　与 FFT 频谱比较

假设实谐波信号为 $x(n)=\sum_{i=1}^{k}A_i\cos(\omega_i n+\phi_i)$。其中，$A_i(i=1,\ 2,\cdots,\ k)$ 为确定的常数，$\phi_i(i=1,\ 2,\cdots,\ k)$ 为均匀分布在 $[-\pi,\ \pi]$ 上的独立随机变量。

现设：

（1）$x(n)$ 由 6 个谐波组成，即 $k=6$。

（2）其中三个频率 ω_1、ω_2、ω_3 之间存在二次相位耦合现象，且 $\omega_1+\omega_2=\omega_3$，同时满足 $\phi_1+\phi_2=\phi_3$。

（3）ω_4、ω_5、ω_6 为独立频率分量。

（4）由于 $\omega=2\pi f$，则实谐波信号可表示为

$$x(n)=\sum_{i=1}^{6}\cos\left(\frac{2\pi f_i n}{f_s}+\phi_i\right) \tag{6.44}$$

（5）式（6.44）中，$f_1=0.6377\mathrm{Hz}$，$f_2=0.835\mathrm{Hz}$，$f_3=f_1+f_2=1.4727\mathrm{Hz}$，$f_4=0.4912\mathrm{Hz}$，$f_5=1.768\mathrm{Hz}$，$f_6=2\mathrm{Hz}$。

（6）采样点数 8192，采样频率 $f_s=8\mathrm{Hz}$。

对式（6.44）所示的实谐波信号绘制时域图，并分别进行 $1\frac{1}{2}$ 维谱估计和 FFT 频谱估计，结果如图 6.3 所示。

从图中可以看出，实谐波信号 $x(n)$ 的 6 个频率分量分别对应 FFT 频谱图上的 6 根谱线（6 个峰值点），但对于其中的二次相位耦合现象，FFT 频谱无法分辨，说明 FFT 频谱是相位盲的；而 $1\frac{1}{2}$ 维谱图上只有 3 根谱线（3 个峰值点），容易看出耦合关系为 $f_3=f_1+f_2$，并且不显示独立频率分量 f_4、f_5、f_6，表明 $1\frac{1}{2}$ 维谱能提取出信号中隐含的二次相位耦合关系并抑制独立频率分量。

由于超声信号包含多个壁厚回波，截取从一次界面波到二次界面波间的信号进行频谱分析，得到的能量最大处对应的频率成分即为壁厚频率。理论上，该信号中存在的相位耦合现象是由自身的壁厚频率产生的倍频成分，不应有其他频率成分参加相位耦合。下面

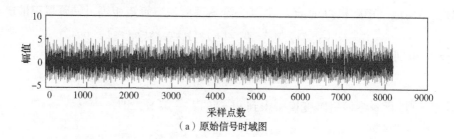

（a）原始信号时域图

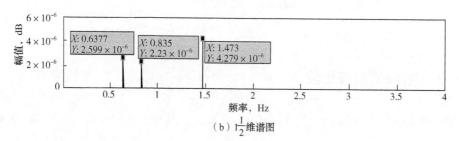

（b）$1\frac{1}{2}$维谱图

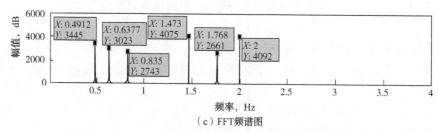

（c）FFT频谱图

图 6.3　实谐波信号时域图及其 $1\frac{1}{2}$ 维谱和 FFT 频谱

对于采集的超声回波信号采用 $1\frac{1}{2}$ 维谱估计来实现 B 扫描壁厚数据的自动精确形成。

6.5.3　基于 $1\frac{1}{2}$ 维谱估计的壁厚数据自动形成

6.5.3.1　方法步骤

当管道在线检测任务完成后进行离线分析时，首先要将压缩的 A 扫描波形数据进行还原，然后形成各个检测点的 B 扫描壁厚数据。由于检测点的数量非常庞大，因此壁厚数据的形成不可能采取人工读取频率点的方法，必须实现自动化，具体步骤如下：

（1）对压缩后还原的 A 扫描波形数据进行截取，仅保留一次界面波与二次界面波之间的数据。

（2）对保留的数据进行 $1\frac{1}{2}$ 维谱估计，并依据频谱图的对称性，仅保留其一半（低频部分）进行分析。

（3）提取 $1\frac{1}{2}$ 维谱图上所有的幅度极大值点。

（4）找出保留的极大值点中的最大值，该值对应的频率即为壁厚频率。

（5）根据式（5.9）$d=v/(2f_{\mathrm{gb}})$，可求出管壁厚度 d。

在 B 扫描壁厚数据的自动形成程序中，用 $1\frac{1}{2}$ 维谱中除去直流分量外，幅度最大峰值对应的横坐标序号 $peak\_pos(b)$ 来计算式（5.9）中的 f_{gb}。

$$f_{\mathrm{gb}}=peak\_pos(b)\cdot\Delta f \tag{6.45}$$

其中，Δf 表示 $1\frac{1}{2}$ 维谱图中横坐标的单位长度。又有

$$\Delta f=\frac{f_{\mathrm{s}}}{num\_1d} \tag{6.46}$$

式中　f_{s}——采样频率；

　　num_1d——参与 $1\frac{1}{2}$ 维谱估计的 A 扫描波形数据点数。

将式（6.45）、式（6.46）代入式（5.9）得壁厚：

$$d=\frac{v\cdot num\_1d}{2\cdot peak\_pos(b)\cdot f_{\mathrm{s}}} \tag{6.47}$$

6.5.3.2　模拟实验

模拟实验采用单个超声探头逐点扫描检测，探头工作频率为 5MHz，采样频率 f_{s} 为 100MHz。按腐蚀出现的位置不同，主要分为内壁和外壁存在腐蚀两种情况（图 6.4）。其中，d_{gb1} 表示正常管壁厚度；d_{gb2} 表示腐蚀处管壁剩余厚度；d_{fs} 表示腐蚀坑的深度。①至⑥表示探头发射超声波打到管壁的位置，即检测点位置。其中，①和④为管壁正常、未出现腐蚀的位置；②和⑤为管壁出现腐蚀的临界位置（探头焦柱的中心位置）；③和⑥为发生管壁腐蚀的位置。

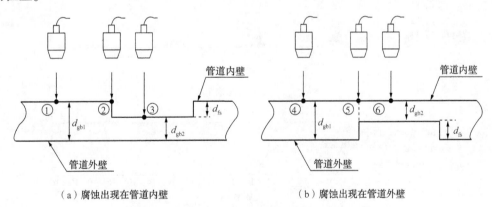

（a）腐蚀出现在管道内壁　　　　　　　　（b）腐蚀出现在管道外壁

图 6.4　超声探头检测管道内（外）壁存在腐蚀的情况

在管壁厚度发生突变的位置附近，超声探头接收的 A 扫描波形数据会发生异常，根据探头焦柱覆盖被测管壁不同厚度处的大小，探头接收的 A 扫描波形数据会发生变化，在 A 扫描波形时域图上表现为对应的壁厚回波的幅值大小发生变化。因此，下面分两种情况分析。

（1）管壁厚度发生突变处。

当探头焦柱覆盖两种不同厚度的管壁时，如图 6.4 中位置②、⑤处，A 扫描波形数据会发生变异，一次界面波、二次界面波均有两个，导致从一次界面波到二次界面波间的截取数据紊乱，因而形成的 B 扫描壁厚数据严重失真。这里采取一种特殊的方法来处理：从壁厚数据出现紊乱的第一点开始做标记，记为 n_1；直至壁厚数据正常的前一点，记为 n_2；那么 $n_1 \sim [n_1 + (n_2 - n_1)/2]$ 间的壁厚数据取为 n_1 前的正常壁厚，而 $[n_1 + (n_2 - n_1)/2 + 1] \sim n_2$ 间的壁厚数据取为 n_2 后的正常壁厚。

（2）管壁厚度无突变处。

① 检测管道 1：正常管壁厚 d_{gb1} 为 25.4mm，内（外）壁腐蚀 d_{fs} 为 6.3mm，腐蚀处管壁剩余厚度 d_{gb2} 为 19.1mm。

图 6.4 中位置①、③、④、⑥处均为管壁厚度无突变处。取①处（壁厚 25.4mm）的一个检测点进行分析，其压缩后还原的时域波形如图 6.5（a）所示；截取一次界面波至二次界面波中间的数据，进行 $1\frac{1}{2}$ 维谱估计，结果如图 6.5（b）所示，圆圈标出的最大值对应的频率即为壁厚频率；对其进行局部放大，如图 6.5（c）所示，可见壁厚频率为 1.248×10^5Hz，程序自动计算出壁厚为 25.6427mm。

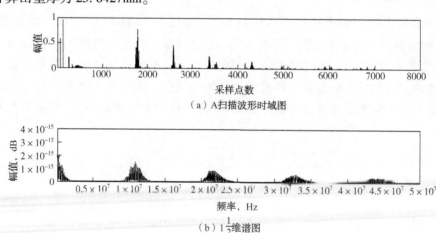

（a）A 扫描波形时域图

（b）$1\frac{1}{2}$ 维谱图

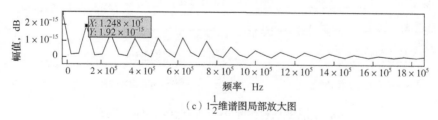

（c）$1\frac{1}{2}$ 维谱图局部放大图

图 6.5　正常管壁超声回波时域图和 $1\frac{1}{2}$ 维谱估计图

对图 6.4 所示的正常管壁及腐蚀后管壁分别进行检测。同时为了说明算法的优越性，对回波信号分别进行 $1\frac{1}{2}$ 维谱分析和 FFT，结果见表 6.1。

表6.1　管壁厚度无突变(检测管道1)

实际厚度，mm	探头检测位置	腐蚀出现在管道的内壁或外壁	检测厚度，mm		相对误差，%	
			$1\frac{1}{2}$维谱估计	FFT	$1\frac{1}{2}$维谱估计	FFT
25.4	①	内壁	25.6427	25.6427	0.9555	0.9555
	④	外壁	25.1307	25.1307	1.0602	1.0602
19.1	③	内壁	0.2999	0.2999	98.4298	98.4298
	⑥	外壁	19.0827	19.0827	0.0906	0.0906

② 检测管道2：正常管壁厚 d_{gb1} 为 19.1mm，内(外)壁腐蚀 d_{fs} 为 6.3mm，腐蚀处管壁剩余厚度 d_{gb2} 为 12.8mm。

同样在位置①、③、④、⑥等管壁厚度无突变处进行检测，并分别进行 $1\frac{1}{2}$ 维谱图分析和 FFT，结果见表6.2。

表6.2　管壁厚度无突变(检测管道2)

实际厚度，mm	探头检测位置	腐蚀出现在管道的内壁或外壁	检测厚度，mm		相对误差，%	
			$1\frac{1}{2}$维谱估计	FFT	$1\frac{1}{2}$维谱估计	FFT
19.1	①	内壁	0.2999	0.2999	98.4298	98.4298
	④	外壁	19.0827	19.0827	0.0906	0.0906
12.8	③	内壁	12.6187	6.3093	1.4164	50.7086
	⑥	外壁	12.7467	12.7467	0.4164	0.4164

从表6.2中可以看出，在检测19.1mm内壁腐蚀时，不论采用 $1\frac{1}{2}$ 维谱分析还是FFT，结果均出现了厚度严重失真。详细分析原因，绘制A扫描波形时域图、$1\frac{1}{2}$ 维谱估计图并进行局部放大(图6.6)。

图6.6(b)为 $1\frac{1}{2}$ 维谱图，圆圈标出的最大值对应的频率即为程序自动查找到的壁厚频率。从图6.6(c)中可以看出，该频率为 1.067×10^7 Hz，程序自动计算得出壁厚为0.2999mm，与该点实际壁厚19.1mm相去甚远。实际上，该放大图中第一个极大值对应的频率为 1.694×10^5 Hz，根据式(5.9)可算出壁厚为18.8902mm，与该点实际壁厚相比，相对误差仅为1.098%。

可见，通过对A扫描波形数据进行 $1\frac{1}{2}$ 维谱估计，查找最大值对应的频率自动得到壁厚频率的方法，会出现厚度严重失真的情况，不适合B扫描壁厚数据的自动精确形成，必须进行改进。将图6.6(c)继续放大(图6.7)。

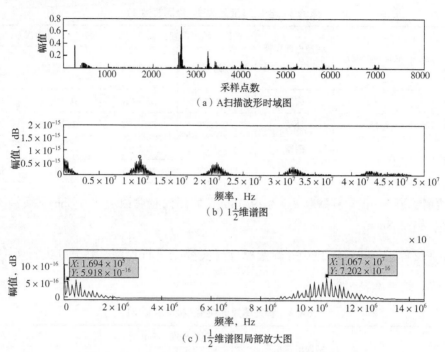

（a）A扫描波形时域图

（b）1$\frac{1}{2}$维谱图

（c）1$\frac{1}{2}$维谱图局部放大图

图6.6　壁厚失真处A扫描波形时域图和1$\frac{1}{2}$维谱估计图

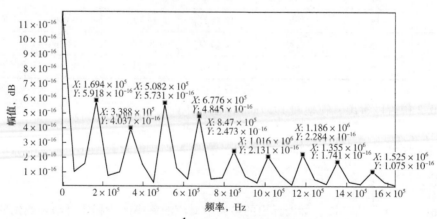

图6.7　1$\frac{1}{2}$维谱估计局部继续放大图

从图中可以看出，局部极大值对应的频率依次为 1.694×10^5Hz、3.388×10^5Hz、5.082×10^5Hz、6.776×10^5Hz、8.47×10^5Hz、1.016×10^6Hz、1.186×10^6Hz、1.355×10^6Hz、1.525×10^6Hz、1.694×10^6Hz、1.863×10^6Hz、2.033×10^6Hz 等这些频率点两两之间的频率差是相同的，具有明显的周期性特点，这与A扫描波形时域图中壁厚的多次回波特点相同。因此，如果对该频谱再进行一次1$\frac{1}{2}$维谱估计，是否会得到满意的结果呢？

6.5.4 基于二次 $1\frac{1}{2}$ 维谱估计的壁厚数据自动形成

6.5.4.1 方法步骤

二次 $1\frac{1}{2}$ 维谱估计的具体步骤：

（1）对压缩后还原的 A 扫描波形数据进行截取，仅保留一次界面波与二次界面波之间的数据。

（2）对保留的数据进行 $1\frac{1}{2}$ 维谱估计，并依据频谱图的对称性，仅保留其一半(低频部分)。

（3）对第(2)步得到的低频部分的频谱再进行一次 $1\frac{1}{2}$ 维谱估计，同样保留其一半进行分析。

（4）提取二次 $1\frac{1}{2}$ 维谱图上所有的幅度极大值点。

（5）找出保留的极大值点中的最大值，该值对应的时间即为超声波在管壁中往返传播的时间 t。

（6）根据式(5.9)，可求出管壁厚度 d。

上式中的时间 t，当取为超声波在管壁中往返传播的时间时用 t_{gb} 表示。在 B 扫描壁厚数据的自动形成程序中，用二次 $1\frac{1}{2}$ 维谱中除去直流分量外，幅度最大峰值对应的横坐标序号 $peak\_pos\ (b)_2$ 来计算 t_{gb}。

$$t_{gb} = peak\_pos\ (b)_2 \cdot \Delta t_2 \tag{6.48}$$

其中，Δt_2 表示二次 $1\frac{1}{2}$ 维谱图中横坐标的单位长度。又有

$$\Delta t_2 = \frac{t_2}{num\_2d} \tag{6.49}$$

其中，num_2d 表示参与二次 $1\frac{1}{2}$ 维谱估计的数据点数，t_2 表示一次 $1\frac{1}{2}$ 维谱的采样频率，即 $t_2 = 1/\Delta f$，将式(6.46)代入，得

$$t_2 = \frac{num\_1d}{f_s} \tag{6.50}$$

将式(6.48)、式(6.49)、式(6.50)代入 $d = vt/2$，得壁厚

$$d = \frac{v \cdot peak\_pos\ (b)_2 \cdot num\_1d}{2 \cdot num\_2d \cdot f_s} \tag{6.51}$$

6.5.4.2 模拟实验

模拟实验条件同 $1\frac{1}{2}$ 维谱估计，检测管道如图 6.4 所示。对于管壁厚度发生突变处的 A

扫描波形数据的处理同前，此处不再赘述。下面主要运用二次 $1\frac{1}{2}$ 维谱估计来分析管壁厚度无突变处的情况。

（1）检测管道1：正常管壁厚 d_{gb1} 为 25.4mm，内（外）壁腐蚀 d_{fs} 为 6.3mm，腐蚀处管壁剩余厚度 d_{gb2} 为 19.1mm。

同前，取③处（壁厚19.1mm内壁腐蚀）的一个检测点来分析，其 $1\frac{1}{2}$ 维谱估计出现厚度严重失真。根据二次 $1\frac{1}{2}$ 维谱估计的基本思想，在 $1\frac{1}{2}$ 维谱估计的基础上，再进行一次 $1\frac{1}{2}$ 维谱估计（图6.8）。

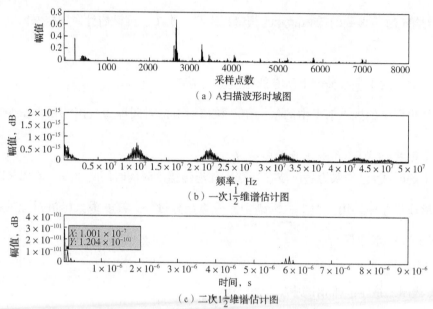

（a）A扫描波形时域图

（b）一次 $1\frac{1}{2}$ 维谱估计图

（c）二次 $1\frac{1}{2}$ 维谱估计图

图 6.8　壁厚失真处 A 扫描波形时域图和一次 $1\frac{1}{2}$ 维谱估计图、二次 $1\frac{1}{2}$ 维谱估计图

图6.8(a)显示了压缩后还原的 A 扫描时域波形；截取一次界面波至二次界面波中间的数据，做 $1\frac{1}{2}$ 维谱估计，结果如图6.8(b)所示；图6.8(c)为对图6.8(b)再进行一次 $1\frac{1}{2}$ 维谱估计得到的二次 $1\frac{1}{2}$ 维谱估计图，标记的最大值对应的时间即为超声波在管壁中往返传播的时间，为 1.001×10^{-7}s，程序自动计算出壁厚为 0.3202mm。可见，该值与实际壁厚差距甚大。

对图6.4所示的正常管壁及腐蚀后管壁分别进行逐点检测。同时为了验证算法的优越性，对回波信号分别做二次 $1\frac{1}{2}$ 维谱分析和二次 FFT（对一次 FFT 的结果再进行一次 FFT），结果见表6.3。

表 6.3　管壁厚度无突变(检测管道 1)

实际厚度，mm	探头检测位置	腐蚀出现在管道的内壁或外壁	检测厚度，mm		相对误差，%	
			二次 $1\frac{1}{2}$ 维谱估计	二次 FFT	二次 $1\frac{1}{2}$ 维谱估计	二次 FFT
25.4	①	内壁	0.3203	0.2562	98.7389	98.9913
	④	外壁	0.3203	0.2562	98.7389	98.9913
19.1	③	内壁	0.3202	0.2561	98.3236	98.6592
	⑥	外壁	0.3202	0.2561	98.3236	98.6592

(2) 检测管道 2：正常管壁厚 d_{gb1} 为 19.1mm，内(外)壁腐蚀 d_{fs} 为 6.3mm，腐蚀处管壁剩余厚度 d_{gb2} 为 12.8mm。

同样在位置①、③、④、⑥等管壁厚度无突变处进行检测，并分别做二次 $1\frac{1}{2}$ 维谱分析和二次 FFT，结果见表 6.4。

表 6.4　管壁厚度无突变(检测管道 2)

实际厚度，mm	探头检测位置	腐蚀出现在管道的内壁或外壁	检测厚度，mm		相对误差，%	
			二次 $1\frac{1}{2}$ 维谱估计	二次 FFT	二次 $1\frac{1}{2}$ 维谱估计	二次 FFT
19.1	①	内壁	0.3202	0.2561	98.3236	98.6592
	④	外壁	0.3202	0.2561	98.3236	98.6592
12.8	③	内壁	0.3203	0.2562	97.4977	97.9984
	⑥	外壁	0.3203	0.2562	97.4977	97.9984

由表 6.3 和表 6.4 可见，所有运用二次 $1\frac{1}{2}$ 维谱估计和二次 FFT 方法自动形成的壁厚数据均严重失真，而且采用二次 FFT 的结果误差更大。分析原因发现，正常管壁厚度是已知的(检测管道 1 为 25.4mm，检测管道 2 为 19.1mm)，不可能无限大；另一方面，管道经腐蚀后剩余壁厚不可能无限小，假设剩余壁厚 0.5mm 为可以承受的极限，那么小于该值则认为发生了腐蚀泄漏。这样一来，由于管壁厚度是有上限和下限的，对应到 $1\frac{1}{2}$ 维谱图中的壁厚频率也是有一定的区间范围的，所以参与二次 $1\frac{1}{2}$ 维谱估计的数据不应是 $1\frac{1}{2}$ 维谱图中的所有数据，而应根据壁厚频率范围有选择地使用。

6.5.5　基于二次 $1\frac{1}{2}$ 维谱估计改进算法的壁厚数据自动形成

6.5.5.1　方法步骤

二次 $1\frac{1}{2}$ 维谱估计改进算法的具体步骤如下：

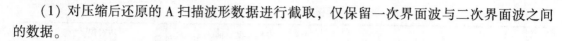

(1) 对压缩后还原的 A 扫描波形数据进行截取，仅保留一次界面波与二次界面波之间的数据。

(2) 对保留的数据进行 $1\frac{1}{2}$ 维谱估计，并依据频谱图的对称性，仅保留其左半部分。

(3) 对第(2)步得到的左半部分的频谱，根据壁厚频率范围截取数据。

(4) 对保留的数据进行二次 $1\frac{1}{2}$ 维谱估计，同样保留其一半进行分析。

(5) 提取二次 $1\frac{1}{2}$ 维谱图上的最大峰值点，该点对应的时间即为超声波在管壁中往返传播的时间 t。

(6) 根据式(5.9)，可求出管壁厚度 d。

在第(3)步中，根据壁厚频率范围截取参与二次 $1\frac{1}{2}$ 维谱估计的数据，采用的方法如下：

① 假设管道经腐蚀后剩余壁厚为 0.5mm，其对应的壁厚频率为

$$f_{\text{upper}} = \frac{v}{2d_{\text{lower}}} = \frac{6400}{2 \times 0.5 \times 10^{-3}} = 6.4 \times 10^6 \text{Hz}$$

根据式(6.45)和式(6.46)，可得对应的数据点数(壁厚频率对应的横坐标序号)为

$$N_{\text{upper}} = \frac{f_{\text{upper}} \cdot num\_1d}{f_s} = \frac{6.4 \times 10^6 \times 1771}{100 \times 10^6} \approx 113$$

② 当检测管道 1 时，正常壁厚为 25.4mm，其对应的壁厚频率为

$$f_{\text{lower1}} = \frac{v}{2d_{\text{upper1}}} = \frac{6400}{2 \times 25.4 \times 10^{-3}} \approx 1.260 \times 10^5 \text{Hz}$$

对应的数据点数为

$$N_{\text{lower1}} = \frac{f_{\text{lower1}} \cdot num\_1d}{f_s} = \frac{1.260 \times 10^5 \times 1771}{100 \times 10^6} \approx 2$$

③ 当检测管道 2 时，正常壁厚为 19.1mm，其对应的壁厚频率为

$$f_{\text{lower2}} = \frac{v}{2d_{\text{upper2}}} = \frac{6400}{2 \times 19.1 \times 10^{-3}} \approx 1.675 \times 10^5 \text{Hz}$$

对应的数据点数为

$$N_{\text{lower2}} = \frac{f_{\text{lower2}} \cdot num\_1d}{f_s} = \frac{1.675 \times 10^5 \times 1771}{100 \times 10^6} \approx 3$$

因此，若检测管道 1 时，参与二次 $1\frac{1}{2}$ 维谱估计的数据为一次 $1\frac{1}{2}$ 维谱图上 $N_{\text{lower1}} \sim N_{\text{upper}}$ (即第 2~113 点)间的数据；若检测管道 2 时，参与二次 $1\frac{1}{2}$ 维谱估计的数据为一次 $1\frac{1}{2}$ 维谱图上 $N_{\text{lower2}} \sim N_{\text{upper}}$ (即第 3~113 点)间的数据。

6.5.5.2 模拟实验

模拟实验条件同 $1\frac{1}{2}$ 维谱估计，检测管道如图6.4所示。对于管壁厚度发生突变处的 A 扫描波形数据的处理同前，此处不再赘述。下面主要运用二次 $1\frac{1}{2}$ 维谱估计的改进算法来分析管壁厚度无突变处的情况。

（1）检测管道1：正常管壁厚 d_{gb1} 为 25.4mm，内（外）壁腐蚀 d_{fs} 为 6.3mm，腐蚀处管壁剩余厚度 d_{gb2} 为 19.1mm。

同前，取③处（壁厚 19.1mm 内壁腐蚀）的一个检测点来分析，其一次 $1\frac{1}{2}$ 维谱估计及二次 $1\frac{1}{2}$ 维谱估计均出现厚度严重失真。根据二次 $1\frac{1}{2}$ 维谱估计改进算法的基本思想，在一次 $1\frac{1}{2}$ 维谱估计的基础上，根据壁厚频率进行数据截取，对截取后的数据做二次 $1\frac{1}{2}$ 维谱估计（图6.9）。

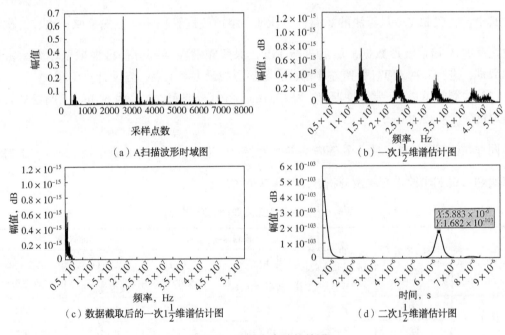

图 6.9　壁厚失真处相关图

图6.9（a）为 A 扫描波形数据在线压缩后离线还原的时域波形；截取一次界面波至二次界面波中间的数据，做一次 $1\frac{1}{2}$ 维谱估计，结果如图6.9（b）所示；根据壁厚频率范围截取图6.9（b）中第3～113点间的数据，其余点补零，如图6.9（c）所示；对新组成的数据做二次 $1\frac{1}{2}$ 维谱估计，结果如图6.9（d）所示，标记的最高峰值对应的时间即为超声波在管壁

中往返传播的时间，为 $5.883×10^{-6}$ s，程序自动计算出壁厚为 18.8266mm。可见，该值与实际壁厚相对误差很小，仅为 1.43%。

对图 6.4 所示的正常管壁及腐蚀后管壁分别进行逐点检测。同时为了验证算法的优越性，对回波信号分别运用二次 $1\frac{1}{2}$ 维谱改进算法和二次 FFT 改进算法做分析，结果见表 6.5。

表 6.5　管壁厚度无突变(检测管道 1)

实际厚度, mm	探头检测位置	腐蚀出现在管道的内壁或外壁	检测厚度, mm		相对误差,%	
			二次 $1\frac{1}{2}$ 维谱改进法	二次 FFT 改进法	二次 $1\frac{1}{2}$ 维谱改进法	二次 FFT 改进法
25.4	①	内壁	25.4932	0.5765	0.3669	97.7303
	④	外壁	25.1093	0.5765	1.1444	97.7303
19.1	③	内壁	18.8266	0.5763	1.4314	96.9827
	⑥	外壁	19.0186	0.5763	0.4262	96.9827

其中，二次 FFT 改进算法的思路同二次 $1\frac{1}{2}$ 维谱改进算法相同，先截取一次、二次界面波之间的 A 扫描波形数据，然后进行 FFT，保留频谱左半部分；再根据壁厚频率范围截取数据，进行二次 FFT，保留左半部分；最后寻找最大峰值点，自动计算壁厚。

（2）检测管道 2：正常管壁厚 d_{gb1} 为 19.1mm，内（外）壁腐蚀 d_{fs} 为 6.3mm，腐蚀处管壁剩余厚度 d_{gb2} 为 12.8mm。

同样在位置①、③、④、⑥等管壁厚度无突变处进行检测，并分别运用二次 $1\frac{1}{2}$ 维谱改进算法和二次 FFT 改进算法做分析，结果见表 6.6。

表 6.6　管壁厚度无突变(检测管道 2)

实际厚度, mm	探头检测位置	腐蚀出现在管道的内壁或外壁	检测厚度, mm		相对误差,%	
			二次 $1\frac{1}{2}$ 维谱改进法	二次 FFT 改进法	二次 $1\frac{1}{2}$ 维谱改进法	二次 FFT 改进法
19.1	①	内壁	18.8266	0.5763	1.4314	96.9827
	④	外壁	19.0186	0.5763	0.4262	96.9827
12.8	③	内壁	12.4906	0.5765	2.4172	95.4961
	⑥	外壁	12.6826	0.5765	0.9172	95.4961

由上表可见，基于二次 $1\frac{1}{2}$ 维谱估计的改进算法自动形成的 B 扫描数据精度很高，相对误差在 3% 以内，大大优于二次 FFT 改进算法，可实现壁厚特征的精确自动提取，能够满足长输管道超声波自动测厚的要求。

6.6 连续扫查验证

对于有腐蚀缺陷的长距离输油管道，其腐蚀类型多为均匀腐蚀或点腐蚀[19]。因此，超声检测实验时主要采用两种方式来验证基于二次 $1\frac{1}{2}$ 维谱估计的改进算法对于 B 扫描壁厚数据精确形成的有效性：实验试块、标准样管(实际管道)。

6.6.1 实验试块多点连续扫查

采用单个超声探头螺旋导引(即往复)扫描方式，模拟长距离输油管道超声波内检测系统检测实际管道的情况。所用超声探头的工作频率为 5MHz，A/D 采样频率为 100MHz，采集的超声回波为全检波方式。

(1) 实验试块一如图 6.10 所示。长方体试块，上表面人工刻有 2 个矩形腐蚀，用来模拟管道内壁均匀腐蚀。长方体厚度 14.8mm，腐蚀深 3.2mm，腐蚀后剩余厚度 11.6mm。其中矩形腐蚀Ⅰ长度 10.2mm，宽度 10.3mm；矩形腐蚀Ⅱ长度 31.4mm，宽度 10.5mm。

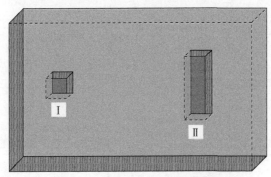

图 6.10　实验试块一立体示意图

扫描设置如下：
① 扫描轴：0。扫描长度：110.465mm。扫描分辨率：1.500mm。
② 步进轴：1。步进长度：78.105mm。步进分辨率：1.500mm。
③ A 扫描波形长度(点)：9454。

采用基于二次 $1\frac{1}{2}$ 维谱估计的改进算法对采集的 A 扫描波形数据进行处理，得到图 6.11 所示的 B 扫描图。图中横坐标为检测点数，纵坐标为程序自动计算出的试块厚度；①~㊿为探头螺旋导引扫描的行数，相当于 52 个探头并行向前扫描。

从图 6.11 中可以清晰地看到任一探头扫描过的任一检测点处的试块剩余厚度，其中检测点 10~20 之间和检测点 55~65 之间，厚度明显下降至 12mm 左右，分别用"腐蚀Ⅰ"和"腐蚀Ⅱ"表示，与图 6.10 中实验试块一的两处矩形腐蚀相吻合。

(2) 实验试块二如图 6.12 所示。长方体试块，上表面人工刻有 3 个贯通矩形腐蚀，用来模拟管道内壁均匀腐蚀。长方体厚度 14.8mm，腐蚀深 3.2mm，腐蚀后剩余厚度 11.6mm。其中矩形腐蚀Ⅰ宽度 10.3mm，矩形腐蚀Ⅱ宽度 10.5mm，矩形腐蚀Ⅲ宽度 10.4mm。

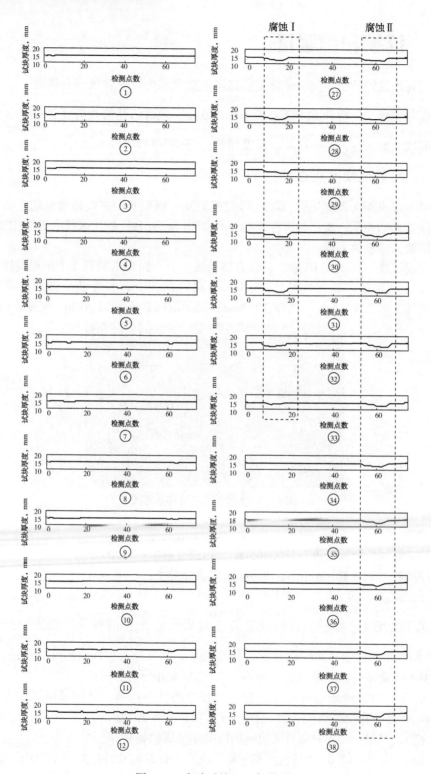

图 6.11　实验试块一 B 扫描图

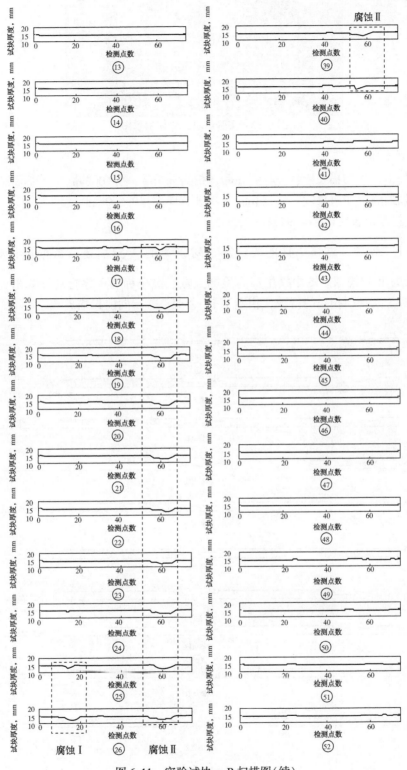

图 6.11　实验试块一 B 扫描图(续)

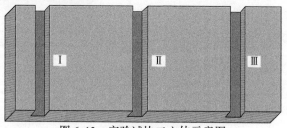

图 6.12　实验试块二立体示意图

扫描设置如下：

① 扫描轴：0。扫描长度：164.884mm。扫描分辨率：0.500mm。

② 步进轴：1。步进长度：5.144mm。步进分辨率：0.500mm。

③ A 扫描波形长度(点)：9454。

采用基于二次 $1\frac{1}{2}$ 维谱估计的改进算法对采集的 A 扫描波形数据进行处理，得到

图 6.13所示的 B 扫描图。图中横坐标为检测点数，纵坐标为程序自动计算出的试块厚度；①~⑩为探头螺旋导引扫描的行数，相当于 10 个探头并行向前扫描。

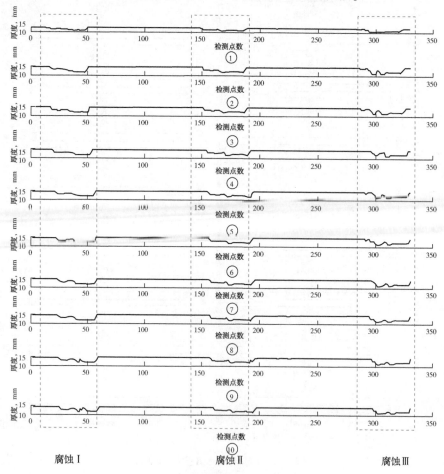

图 6.13　实验试块二 B 扫描图

从图6.13中可以清晰地看到任一探头扫描过的任一检测点处的试块剩余厚度，其中检测点20~70之间、检测点150~200之间和检测点280~330之间，厚度明显下降至12mm左右，分别用"腐蚀Ⅰ""腐蚀Ⅱ"和"腐蚀Ⅲ"表示，与图6.12中实验试块二的3处贯通矩形腐蚀相吻合。

6.6.2　标准样管(实际管道)多点连续扫查

采用24个超声探头阵列方式(第3章图3.10所示)，扫描检测一段标准样管(实际管道)，如图6.14所示。管道外径426mm，未腐蚀壁厚7.9mm，管道内壁人工刻有1处腐蚀(圆环Ⅰ：深2mm，长度为沿管壁一圈，宽度26.7mm)。管道外壁人工刻有1处腐蚀(圆环Ⅱ：深1.8mm，长度为沿管壁一圈，宽度30mm)。

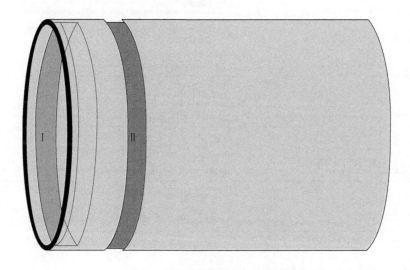

图6.14　标准样管立体示意图

所用超声探头的工作频率为5MHz，采集的超声回波为全检波方式，扫描设置如下：扫描检测速度为7mm/s；扫描分辨率为0.28mm；A/D采样频率为100MHz；A扫描波形长度(点)为492。

采用基于二次$1\frac{1}{2}$维谱估计的改进算法对采集的A扫描波形数据进行处理，得到图6.15所示的B扫描图。图中横坐标为检测点数(总检测点数1313点)，纵坐标为程序自动计算出的管壁厚度；通道1至通道24对应的图表示24个超声探头各自检测区域对应的B扫描图(按探头实际安装方式阵列显示)。

从图6.15中可以清晰地看到任一通道任一检测点处的管壁剩余厚度，特别是检测点400~600之间和检测点600~800之间，壁厚明显下降至6mm左右，分别用"腐蚀Ⅰ"和"腐蚀Ⅱ"表示，与图6.14中标准样管的两处圆环腐蚀相吻合。

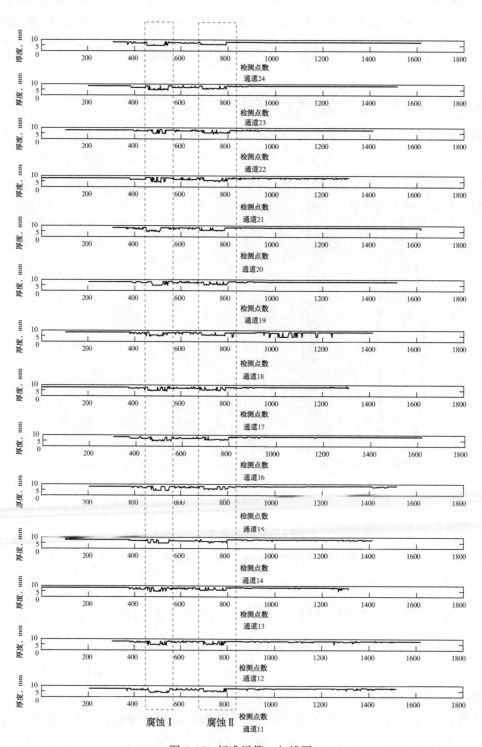

图 6.15　标准样管 B 扫描图

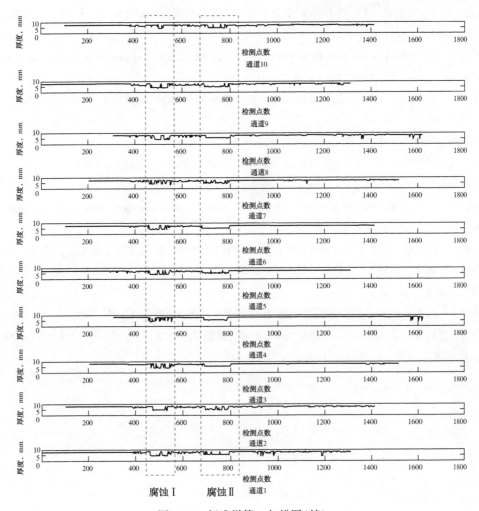

图 6.15　标准样管 B 扫描图(续)

参 考 文 献

[1] Terrell T J. Introduction to digital filter[M]. London：The Macemillan Press Ltd，1980.

[2] 周莹. 基于 DSP 的超声测厚系统研究[D]. 哈尔滨：哈尔滨工程大学，2009.

[3] 张小飞，王苗，周有鹏. 超声检测中的噪声处理[J]. 无损检测，2002，24(5)：200-202.

[4] 郭晓霞. 基于小波变换的超声检测信号去噪方法研究[D]. 无锡：江南大学，2008.

[5] 谢建，李良，陈显敏，等. 小波阈值去噪在超声测压回波处理中的应用[J]. 机床与液压，2009，37
(12)：157-160.

[6] 曹微微. 便携式超声波探伤仪关键技术的研究[D]. 北京：北京交通大学，2011.

[7] Williamson G C，Bohon W M. Evaluation of ultrasonic intelligent pig performance：inherent technical problems
as a pipeline inspection tool-part I[J]. Corrosion Prevention & Control，1994，41(6)：148-152.

[8] 罗守南. 基于超声多普勒方法的管道流量测量研究[D]. 北京：清华大学，2004.

［9］ 戴波, 徐云, 田小平, 等. 基于 SVM 多分类器的管道内检测信号处理研究［J］. 杭州电子科技大学学报, 2010, 30(4)：65–71.

［10］ Rhim J, Lee S W. A neural network approach for damage detection and identification of structures ［J］. Computational Mechanics, 1995, 16(6)：437–443.

［11］ 陈国华, 张新梅, 谢常欢. 超声检测中裂纹型缺陷深度的智能识别［J］. 华南理工大学学报, 2005, 33(8)：1–5.

［12］ 廖振鹏. 工程波动理论导论［M］. 北京：科学出版社, 2002.

［13］ 张贤达. 时间序列分析——高阶统计量方法［M］. 北京：清华大学出版社, 1996.

［14］ Shiryayev A N. Probability ［M］. New York：Springer-Verlag, 1984.

［15］ Nikias C L. Petropulu A P. Higher-order spectral analysis：A nonlinear signal processing framework ［M］. New Jersey：PTR Prentice-Hall, 1993.

［16］ 张晓云. 高阶统计量在水雷目标特征提取中的应用［D］. 哈尔滨：哈尔滨工程大学, 2008.

［17］ 吴正国, 夏立, 尹为民. 现代信号处理技术：高阶谱、时频分析与小波变换［M］. 武汉：武汉大学出版社, 2003.

［18］ 陈仲生. 基于 matlab7.0 的统计信息处理［M］. 湖南：湖南科学技术出版社, 2005.

［19］ 颜力, 廖柯熹, 蒙东英, 等. 管道最大腐蚀坑深的极值统计方法研究［J］. 石油工程建设, 2007, 33(3)：1–4.

第7章　C扫描图像缺陷识别与后处理

由于管道超声检测采集的 A 扫描波形数据易受到各种噪声及不确定性干扰，造成 B 扫描壁厚数据的处理结果不会尽善尽美，这样形成的 C 扫描图像总会存在斑斑点点，对缺陷的正确判断非常不利。因此，C 扫描图像的缺陷识别与后处理是长距离输油管道超声波内检测技术的重要组成部分。

C 扫描图像就是把各检测点的 B 扫描厚度数据转化成相应的颜色，用不同的颜色填充检测点所在区域来反映管道在这一点的剩余壁厚情况。因此，C 扫描图像可被形象地看作是将管道纵向剖开，展成平面后，按探头实际安装方式显示各检测点的厚度伪彩色图。超声 C 扫描图像实际上是管壁剩余厚度分块颜色显示的俯视图，因而能直观地识别出缺陷。经过特定的信号处理后，C 扫描图像可以较准确地给出缺陷的大小、形状及位置。

7.1　C 扫描图像形成方法

本书第 3 章介绍的超声波数据采集卡为 8 位，超声回波信号的范围为 $0 \sim 255$，归一化后为 $0 \sim 1$；经过第 6 章介绍的二次 $1\frac{1}{2}$ 维谱估计改进算法的处理，转换为 B 扫描厚度数据，可用一数值序列 $\{d_1, d_2, \cdots, d_n\}$ 表示，且满足 $d_1 \leqslant d_2 \leqslant \cdots \leqslant d_n$。

在实际应用中，这些厚度数据要形成 C 扫描图像，需根据被测工件或管壁的正常厚度及是否能承受的腐蚀等级情况建立颜色与厚度数据之间的映射关系，可以采用灰度颜色表或者彩色颜色表的方法予以实现。

（1）灰度颜色表。

基于 RGB 均匀颜色空间建立一个线性灰度表：假设 B 扫描厚度数据为等距数值序列，即

$$d_i - d_{i-1} = d_{i+1} - d_i = \Delta d \qquad 1 \leqslant i \leqslant n$$

易知

$$d_i - d_j = (i-j)\Delta d \qquad 1 \leqslant i, \ j \leqslant n$$

与其对应的线性灰度表为 $\{y_1, y_2, \cdots, y_n\} \subset R \times G \times B$，其中 $y = (R, G, B)$，$0 \leqslant R = G = B \leqslant 1$，即

$$y_i = LinGray(d_i)$$

$$LinGray: \{d_1, d_2, \cdots, d_n\} \rightarrow \{y_1, y_2, \cdots, y_n\} \subset R \times G \times B$$

如果取 $y_1 = (0, 0, 0)$ 为黑色，而 $y_n = (1, 1, 1)$ 为白色，则线性灰度表中的其他颜色

也均布于$(0,0,0)$和$(1,1,1)$之间，在相邻颜色之间的色差均为$\Delta\overline{E}$(平均色差)。

(2) 彩色颜色表。

彩色表调色板实质上是非线性的调色板，严格来说，基于彩色表的调色板中所使用的颜色应该是伪彩色[1]。彩色表的建立思路与灰度表基本一致，不同之处在于y_i的选择。建立彩色表的时候，R、G、B三个参量是独立的，没有彼此约束的关系，它们之间可以相等也可以不等，具体数值由用户确定和选择。颜色可以依用户的需要而交互地修改和选用，用户可以自由地修改和选择调色板，使特定的颜色与某些厚度特征的数据范围联系起来，给厚度的各级数据赋予不同的颜色，从而有效提高人们识别图像的能力。

在管道在线检测完成后，离线分析检测数据并进行可视化操作时，将其中某些或者全部厚度数据与对应的颜色显示在图形的某侧，以便于用户对显示结果做出判断。

本书中超声检测实验形成的 C 扫描图像采用彩色颜色表。对超声检测来说，颜色表一般分为 4~8 级，分级太多反而会使图像变得繁杂。图 7.1 表示 B 扫描厚度数据到颜色的转换，各级对应的区间大小可以不一致，如当缺陷信号某一特征范围较大时，可以用一个颜色区间进行标识。

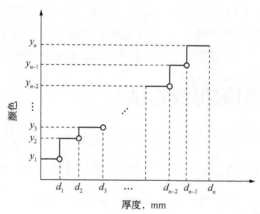

图 7.1　信号值到伪彩色的变换

7.2　C 扫描图像缺陷识别

7.2.1　实验试块 C 扫描

在试块厚度检测实验中，采用 256 级的 RGB 颜色与厚度数据一一对应。按照计算，256 级的 RGB 颜色总共能组合出约 1678 万种颜色，即 $256 \times 256 \times 256 = 16777216$。通常被简称为 1600 万色或千万色，也称为 24 位色(2 的 24 次方)。将被测试块的全部厚度数据与对应的颜色显示在 C 扫描图像的右侧，形成颜色条(图 7.2 和图 7.3)，方便用户对比识别 C 扫描图像显示的试块缺陷。

(1) 实验试块一。

实验试块一如第 6 章图 6.10 所示。将图 6.11 中各检测点的 B 扫描厚度数据用不同的颜色表示出来，得到如图 7.2 所示的 C 扫描图像。

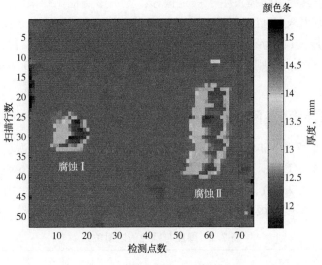

图 7.2 实验试块一 C 扫描图

从图中可以清晰地看到两处矩形腐蚀。通过颜色条的指示，可以直观地看出腐蚀处剩余厚度(约为 12mm，与实际值很接近)、腐蚀的大小(矩形 Ⅰ 长度约为 7 个检测点，则 7×1.5 = 10.5mm；宽度约为 6 个检测点，则 6×1.5 = 9mm。矩形 Ⅱ 长度约为 21 个检测点，则 21×1.5 = 31.5mm；宽度约为 7 个检测点，则 7×1.5 = 10.5mm，与实际值很接近)及未腐蚀区域的厚度(约为 14.8mm，与实际值相符)。

（2）实验试块二。

实验试块二如第 6 章图 6.12 所示。将图 6.13 中各检测点的 B 扫描厚度数据用不同的颜色表示出来，得到如图 7.3 所示的 C 扫描图像。

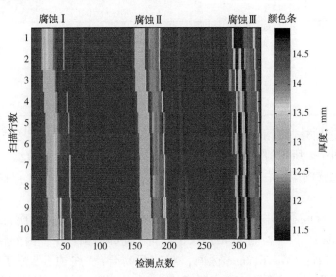

图 7.3 实验试块二 C 扫描图

从图中可以清晰地看到 3 处贯通矩形腐蚀，3 处腐蚀发生一定程度的倾斜，这是因为探头在实际检测过程中，其导引路径发生了一定偏移，但不影响检测结果的判断。通过颜色条的指示，可以直观地看出未腐蚀区域的厚度（约为14.8mm，与实际值14.8mm相符）及腐蚀Ⅰ、腐蚀Ⅱ、腐蚀Ⅲ处剩余厚度（约为11.5mm，与实际值11.6mm很接近）、腐蚀的大小（长度方向贯通，宽度约为20个检测点，则20×0.5＝10mm，与实际值10.3mm、10.4mm、10.5mm都很接近）。

7.2.2　标准样管（实际管道）C扫描

标准样管如第6章图6.14所示。根据标准样管内外壁腐蚀的情况，将管壁厚度数据分为6个等级（表7.1），①表示正常管壁（厚度范围为7.2~8.0mm），⑥表示管壁发生严重腐蚀（厚度范围为0.1~4.2mm），中间每隔0.5mm划分一个厚度等级。用户也可以根据自己的标准或习惯修改各厚度等级对应的颜色，或者增加和减少厚度数据的分级数。

表7.1　厚度与颜色的映射关系

厚度，mm		等级	颜色
下限值	上限值		
7.2	8.0	①	
6.7	7.2	②	
6.2	6.7	③	
4.7	6.2	④	
4.2	4.7	⑤	
0.1	4.2	⑥	

按探头实际安装方式将图6.15中各检测点的B扫描厚度数据用表7.1中对应的颜色表示出来，得到图7.4所示的C扫描图像。将被测样管的全部厚度数据与对应的6个等级的颜色显示在C扫描图像的右侧，形成颜色条，方便用户对比识别C扫描图像显示的管壁缺陷。

从图中可以清晰地看到内外壁的2处腐蚀贯通上下，分别用"腐蚀Ⅰ"和"腐蚀Ⅱ"表示。其中，"腐蚀Ⅰ"位于检测点400~600之间，此即为圆环Ⅰ，内壁腐蚀，剩余厚度约5.9mm，位于颜色条的4.7~6.2mm区间，与实际吻合；"腐蚀Ⅱ"位于检测点600~800之间，此即为圆环Ⅱ，外壁腐蚀，剩余厚度约6.1mm，位于颜色条的4.7~6.2mm区间，与实际吻合。另外，从显示出的腐蚀区域宽度也可看出内壁腐蚀小于外壁腐蚀，与实际情况相符。

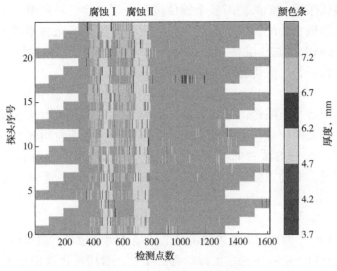

图 7.4　标准样管 C 扫描图

　　然而，图 7.4 中仍有一些斑斑点点。一方面原因来自管道本身，由于实际管道不会像实验试块那样加工得平平整整，管体上除了画出的明显缺陷外，还有很多随机性的不太明显的小瑕疵；另一方面原因来自传输介质、存储设备等的不完善造成的多种噪声干扰。因此下面对 C 扫描图像进行适当的后处理，以进一步改善图像质量。

7.3　C 扫描图像后处理

7.3.1　C 扫描图像后处理研究进展

　　由于具有直观、清晰、自动化程度高等特点，超声 C 扫描图像在无损检测领域中得到了广泛的应用，但如何对 C 扫描图像呈现的缺陷进行精确分析和特征描述一直是超声领域中的难题。尤其对于长距离输油管道超声波内检测，必须对 C 扫描图像做进一步的处理，可考虑借鉴数字图像处理的相关技术来实现。

7.3.1.1　数字图像处理技术

　　20 世纪 60 年代初期，数字图像处理作为一门学科初步形成，主要指将图像信号转换为数字信号，然后利用计算机技术进行处理的过程。涉及的具体技术如下：

　　(1) 图像滤波与增强。

　　可分为两种基本方法：空域法和频域法[2]。前者是对原图像中各个像素点的灰度值直接进行数据运算；后者采用傅里叶变换、DCT(Discrete Cosine Transform，离散余弦变换)等，将原图像变换到频域中，增强感兴趣的频率分量，然后再做反变换得到增强后的图像。

　　(2) 图像阈值分割。

　　又叫二值化，其关键在于阈值的选择，阈值选择是否合适会对图像处理的效果产生决定性影响。因此，按阈值选择方法的不同，可将二值化方法分为两类：全局阈值方法、局部阈值方法。前者仅采用一个阈值对整个图像进行处理，其中较典型的是 Ostu[3] 方法，它采用全搜索方式获取最合适的阈值；后者采用不同的阈值对不同的图像区域进行处理，其中较典型的是 Bernsen[4] 方法，它能够根据各像素点的邻域特性自动调整阈值，灵活性较强，但是对字符图像进行二值化容易产生伪影。

（3）区域标记。

把原图像分解成各个子图像，分解方法一般可分为两类：递归法和顺序法。前者采用全局性递归式搜索填充的原理，对存储空间的要求较高，处理时间较长，因而算法的性能略低[5]；后者采用两次扫描法对原图像进行处理，首次扫描时根据各像素点的邻域值对当前像素点进行标记，并建立标记冲突表来存放其邻域中出现的不同标记，在第二次扫描时用来辅助标记值的统一[6]。

（4）边缘检测。

边缘是图像中具有不同平均灰度等级的两个区域之间的边界，边缘检测是图像分析与识别的重要手段，主要用于检测图像中的线状局部结构。常用的边缘检测方法有样板匹配法、微分算子法、边界及曲线增强法、小波边缘检测、边缘聚焦、神经网络边缘检测等[7]。

（5）图像测量。

图像经过区域标记和边缘检测后，可逐个对目标进行测量。测得的特征可以分成几种不同的类型：

① 几何特征：描述目标的形状、周长和面积等性质。

② 强度特征：采用均值、标准差及高阶矩等数学方法描述目标灰度值的分布情况。

③ 颜色特征：描述目标的颜色和颜色在目标中的分布。

④ 纹理特征：定量描述目标在小距离内灰度值的细微变化。

7.3.1.2 超声 C 扫描图像处理与缺陷识别

虽然对超声 C 扫描图像进行处理时可借鉴数字图像处理的一些方法，但两者又不完全相同。特别是长距离输油管道的超声检测 C 扫描图像含有位置信息，如果采用数字图像处理的方法将其保存为位图文件，再进行缺陷分割与边缘提取，只能得到缺陷的相对位置和大致面积，不能给出较精确的结果，误差极大。因此，国内外学者在超声 C 扫描图像处理和缺陷识别上进行了大量的研究。

Ho K S 等人[8]发现由于合成材料的不均匀性质，使散射现象产生的结构噪声足够大而淹没了反射回波；运用贝叶斯定理来构造合成材料的 C 扫描图像，并与传输检测法比较，结果表明贝叶斯方法改善了缺陷图像的对比度。

阈值的大小是确定缺陷的依据。陈怀东等人[9]将灰度图像的直方图熵作为阈值的评价标准，利用遗传算法搜索最优的图像分割阈值，并以此区分缺陷部分与焊合区域，有助于焊接缺陷的正确识别。

刘琰等人[10]分析了超声 C 扫描图像（采用 JTUIS 超声成像无损检测系统得到）中缺陷边缘模糊的原因，改进了 Canny 算法来快速确定缺陷的边缘，提高了检测结果的精确度。然而，他们分析的 C 扫描图像来自购买的成套超声成像检测系统，这种系统在输出 C 扫描图像之前已经做了一系列的预处理，图像质量远高于现场采集、未经处理得到的伪彩色 C 扫描图像。

Merazi-Meksen T 等人[11]通过分析超声 C 扫描图像，运用 Hough 变换来检测材料的内含物：首先，利用-6dB 方法将 C 扫描图像二值化，这可以将缺陷的大小缩减至真实尺寸；然后，运用 Hough 变换来检测表征内含物特性的圆形窗体边缘；随着参数减少至两个（中心坐标），Hough 空间显示出大部分与内含物对应的圆形物。

综上，长距离输油管道超声波内检测 C 扫描图像缺陷识别的正确与否是评价管道检测结果的关键，离线处理时需根据具体问题具体分析。

7.3.2　标准样管 C 扫描图像后处理

本节主要针对标准样管（第 6 章图 6.14 所示）C 扫描图像中的噪声干扰采用中值滤波来进行初步的后处理。

中值滤波由 Tukey J W[12] 提出，是一种基于统计排序理论的非线性信号处理技术，可有效去除离散实信号的脉冲噪声。其基本原理是将当前点邻域内的各点数值按大小进行排序，并取中间值作为当前点的数值。具体定义如下：

假设在第 n 时刻输入信号序列在长度为 $L=2N+1$（N 为正整数）的滤波窗口内的数值点为 $x(n-N)$，$\cdots$，$x(n)$，$\cdots$，$x(n+N)$，那么此时中值滤波的输出为

$$y(n)=med[x(n-N), \cdots, x(n), \cdots, x(n+N)]$$

其中，$med[\cdots]$ 表示对滤波窗口内所有数据从小到大排序后，取其中间值的运算。

在一定条件下，中值滤波能够解决线性滤波器由于高频分量的丢失造成的图像细节模糊问题，较好地保护目标图像的边缘。采用中值滤波法对图 7.4 进行处理，结果如图 7.5 所示。

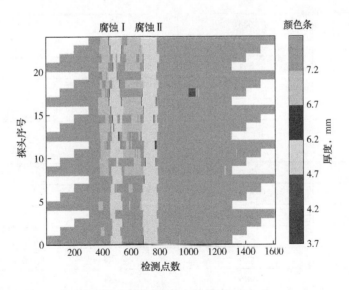

图 7.5　标准样管 C 扫描图中值滤波

可见，C 扫描图像中很多孤立噪声点被消除，缺陷显示更清晰。将通道 1 位于检测点 600~800 之间的腐蚀区域进行局部放大，如图 7.6 所示。

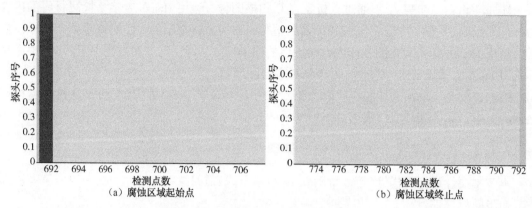

图 7.6　标准样管 C 扫描图局部放大

从图 7.6 中可以看出，通道 1 腐蚀区域起始于 692 点，终止于 792 点，所以缺陷宽度为 (792-692)×7/25=28mm。采用同样的方法，依次计算通道 2 到通道 24 在此处的缺陷宽度 (表 7.2)。

表 7.2　圆环 Ⅱ 宽度

通道号	腐蚀区域起始点	腐蚀区域终止点	缺陷宽度，mm
1	692	792	28
2	694	789	26.6
3	691	798	29.96
4	690	785	26.6
5	683	791	30.24
6	683	794	31.08
7	691	785	26.32
8	700	799	27.72
9	694	793	27.72
10	709	779	19.6
11	699	789	25.2
12	700	775	21
13	679	790	31.08
14	685	797	31.36
15	699	790	25.48
16	698	798	28
17	686	783	27.16
18	689	788	27.72
19	697	799	28.56
20	681	784	28.84

续表

通道号	腐蚀区域起始点	腐蚀区域终止点	缺陷宽度，mm
21	698	795	27. 16
22	696	806	30. 8
23	691	789	27. 44
24	681	791	30. 8

对表 7.2 中求出的 24 通道的缺陷宽度取平均值，结果为 27.685mm，非常接近实际值。

参 考 文 献

[1] 吴瑞明. 数字化超声检测系统及关键技术研究[D]. 杭州：浙江大学，2004.

[2] 刘俊霞. 计算机图像处理和识别技术在超声无损检测中的研究与应用[D]. 杭州：浙江大学，1996.

[3] Ostu N. A threshold seleetion method from gray-level histogram[J]. IEEE Trans Systems Man Cybernetie，1978(8)：62-65.

[4] Bernsen J. Dynamic thresholding of gray-level images[C]//Proceedings of 8th International Conference On Pattern Recognition. Paris：IEEE Computer Society Press，1986.

[5] Castlman K R. Digital Image Processing[M]. 北京：清华大学出版社，1979.

[6] Milan S，Roger B，Vaclav H. Image processing，analysis，and machine vision[M]. Chapman & Hall Computing，2003.

[7] 段瑞玲，李庆祥，李玉和. 图像边缘检测方法研究综述[J]. 光学技术，2005，31(3)：415-419.

[8] Ho K S，Pierce S G，Li M H，et al. Improved C-scan imaging using a Bayesian approach[J]. 2010 IEEE International Ultrasonics Symposium Proceedings，2010：1813-1816.

[9] 陈怀东，曹宗杰，张柯柯，等. 基于遗传算法的超声检测图像分割识别方法[J]. 西安交通大学学报，2003，37(1)：22-25.

[10] 刘琰，张志禹. 边缘检测在超声 C 扫描图像评定中的应用[J]. 计算机工程与设计，2007，28(13)：3157-3159.

[11] Merazi-Meksen T，Boudraa M，Boudraa B. Automatic detection of circular defects during ultrasonic inspection[J]. UKACC International Conference on Control，2012：1003-1006.

[12] Tukey J W. Exploratory Data Analysis[M]. New Jersey：Addison-Wesley，1970.

第8章 长距离输油管道超声波内检测系统离线分析软件

由于国外的管道腐蚀超声波内检测系统价格昂贵，设计复杂，对检测管道的基础资料、设计施工规范要求高，与中国大部分管道实际状况有一定差距；并且配套使用的视图软件只能根据检测数据粗略地绘制出内检测系统扫描线图，无法直观地查看管道腐蚀的深度，不利于检测人员分析管道的腐蚀情况[1]。因此目前中国大部分油田都没有引进国外的检测设备。

中国现有的离线分析软件在界面设计方面风格迥异，尽管有的界面很美观，但大多数是针对管道检测某个方面的波形进行显示[2]，不能在一个界面上给出管道腐蚀情况的整体分析。另外，现有软件分析的超声波数据大多数是较理想状况下的检测数据，而非实际管道所采集的数据，参考价值不高。

本章利用 Visual C++6.0 可视化集成开发环境[3]，研制了长距离输油管道超声波内检测系统配套使用的离线分析软件。该软件可对超声检测数据进行自动分析与处理，直观呈现管道腐蚀状况与位置，为管道维修与判废提供科学依据；并且不依赖于应用软件，方便工程应用；同时避免采用人工进行数据分析的复杂而烦琐的工作，大大降低劳动强度，提高工作效率，满足当前管道数量快速增长的要求。

8.1 总体设计

8.1.1 设计目标

当超声波内检测系统完成一段距离的管道检测任务后，需将其采集存储的数据传出至本地 PC 机(上位机)，进行检测信号的还原、处理、分析，得出每一通道每一检测点对应的管壁厚度。如果该壁厚仅仅通过数字方式显示，则不能快速、直观地看到腐蚀的形状、大小及位置。因此本设计的目标是建立一个长距离输油管道超声波内检测数据的自动分析与处理软件系统，完成检测数据的读取与处理，清晰呈现24通道中任一检测点对应的 A 扫描波形与频谱、任一通道对应的 B 扫描波形、整个检测区域的 C 扫描图像及位置信息；使用者通过该软件可以全面观察管道腐蚀状况，及时采取措施，保障管道安全、高效运行。

8.1.2　需求分析

8.1.2.1　功能性需求分析

长距离输油管道超声波内检测实验系统及其工作原理如第3章图3.3和图3.4所示，在其探头群支撑架上装有24个超声探头(图3.5)，它们在各自发射接收电路的激励下发射超声波，对管壁进行同步检测。根据检测系统的行进速度及发射脉冲重复频率的不同，各通道在单位距离内检测的数据点数也会不同。离线分析软件应能与长距离输油管道超声波内检测实验系统配套使用，并具备下列功能：

(1) 读取超声检测数据文件，得到检测点总数。

(2) 任一通道任一检测点的A扫描波形数据及相关参数信息的正确获取。

(3) 对A扫描波形数据进行滤波并显示。

(4) 内置多种数据处理算法来对超声A扫描波形数据进行转换，形成B扫描壁厚数据及C扫描图像数据。

(5) 水程(探头与被测管道内壁的距离)、超声波在被测管壁中的声速、闸门信息等参数的显示。

(6) 任一通道任一检测点的A扫描波形及相应频谱图的显示。

(7) 24通道B扫描数据的图形化显示。

(8) 设计颜色条，将任一通道任一检测点的厚度用对应颜色表示，实现C扫描图像显示。

(9) 通道号和检测点的任意切换。

(10) 功能(9)实现的同时，保证A扫描波形、闸门及频谱图的实时更新。

(11) 根据被测管道壁厚的上限和下限(上限为管壁正常厚度，下限为可以承受的管壁剩余厚度临界值)来预设壁厚区间。

(12) 显示C扫描图像中缺陷的位置信息。

8.1.2.2　非功能性需求分析

(1) 操作简单，界面人性化。

(2) 运行稳定，能够在Windows系统下正常运行。

(3) 运行不依赖于应用软件，方便使用。

8.1.3　开发工具

根据设计目标和需求分析，长距离输油管道超声波内检测系统离线分析软件应具有良好的可视化界面，因此选用Visual C++6.0进行本软件的开发。

Visual C++6.0是由Microsoft公司推出的基于Windows系统的可视化IDE(Integrated Development Environment，集成开发环境)[4]。它将代码编辑、编译和连接等功能集于一体，再加上Microsoft公司为Visual C++6.0开发的功能强大的MFC(Microsoft Foundation Class，微软基础类库)，使其成为开发Windows应用程序的最佳工具。Visual C++6.0的开发模式主要有 WIN API 和 MFC 两种，其中 WIN API 模式较复杂，而 MFC 是对 WIN API 的再次封装。本软件就是通过 MFC 的调用来实现相关功能，同时保证了在 Windows 操作系统上的稳定运行。

8.1.4 功能结构图

长距离输油管道超声波内检测实验系统离线分析软件共包含 9 个功能模块，分别是打开文件模块、读取数据模块、厚度范围设置模块、数据转换模块、图形绘制模块、扫描控制模块、参数显示模块、图形重绘模块和定位模块，模块结构如图 8.2 所示。

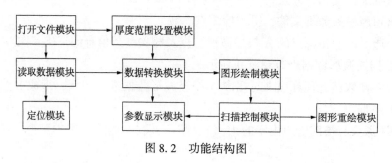

图 8.2　功能结构图

8.2　功能模块

长距离输油管道超声波内检测实验系统的数据采集与压缩存储子系统上配置了 3 个网口(每块板卡一个网口)，当检测任务完成后，存储在实验系统上的压缩超声 A 扫描波形数据及相关的硬件参数通过网口传送给上位机，保存文件格式为 *.data。*.data 文件结构比较复杂，但脉络清晰，其存储的数据格式见表 8.1。

表 8.1　超声检测数据的保存格式

读取顺序	变量名	结构体内部变量	类型	字节数	合计	说明	序号
采样深度标识	m_ bSample DepthFlag		BOOL	4	5	TRUE——采样深度为 2KB，iBufLen = 2028；FALSE——采样深度为 512B，iBufLen = 492	(1)
主卡号	m_ u8Board Num		UCHAR	1		主卡号	(2)

读取顺序	变量名	结构体内部变量	类型	字节数	合计	说明	序号
N 个通道硬件参数 DETECT_ PARAM（N=24）	m_ ChanParam〔0〕	iSpeed	USHORT	2	N×18	声速	（3）
		iRatioFreq	USHORT	2		分频比	（4）
		iBaseline	USHORT	2		基线	（5）
		iGain	USHORT	2		增益	（6）
		iDelay	USHORT	2		零偏	（7）
		iPulse	USHORT	2		脉冲宽度	（8）
		iGateStart	USHORT	2		闸门起点	（9）
		iGateEnd	USHORT	2		闸门终点	（10）
		iGateHeight	USHORT	2		闸门高度	（11）
	…	…	DETECT_ PARAM	18		…	（12）
	m_ ChanParam〔N-1〕	…	DETECT_ PARAM	18		（N-1）组	（13）
每块板数据包结构体为 SDataBuffer，共有 3 块板。每块板有 NUM=8 个通道，第一块板数据为 m_ sBoardData〔0〕	m_ sGobal WaveInfo	m_ ulYear	ULONG	4	16	检测年份	（14）
		m_ ulMonth	ULONG	4		检测月份	（15）
		m_ ulDay	ULONG	4		检测日期	（16）
		m_ ulWaveSum	ULONG	4		传输数据总数	（17）
	m_ sWaveData〔0〕结构体为 SWaveData	u8WaveBuf〔S〕	UCHAR	S	（S+20）×NUM	波形数据	（18）
		u16MaxXPos	USHORT	2		闸门内波峰位置	（19）
		u8MaxYPos	UCHAR	1		闸门内波峰高度	（20）
		u8Hour	UCHAR	1		h	（21）
		u8Minute	UCHAR	1		min	（22）
		u8Second	UCHAR	1		s	（23）
		u16Mseconds	USHORT	2		ms	（24）
		u32Code1	ULONG	4		编码器 1	（25）
		u32Code2	ULONG	4		编码器 2	（26）
		u32Code3	ULONG	4		编码器 3	（27）
	…	…	SWaveData	S+20		…	（28）
	m_ sWaveData〔NUM-1〕	…	SWaveData	S+20		第 NUM-1 通道波形	（29）
	ulCulIndex		ULONG	4	4	当前数据编号	（30）
第二块板数据	m_ sBoardData〔1〕	…	SDataBuffer	（S+20）×NUM+20		第二块板数据	（31）
第三块板数据	m_ sBoardData〔2〕	…	SDataBuffer	（S+20）×NUM+20		第三块板数据	（32）

具体含义如下：

序号(1)：采样深度标识，4B(Byte，字节)。若为 TRUE，则表示采样深度为 2KB，其中2028B 存储 A 扫描波形数据，20B 存储闸门、时间、编码器等信息；若为 FALSE，则表示采样深度为 512B，其中 492B 存储 A 扫描波形数据，20B 存储闸门、时间、编码器等信息。

序号(2)：主卡号，1B。由于数据采集与压缩存储子系统共有 3 块板卡，此处表示以哪块板卡为主卡。

序号(3)至(13)：24 个通道的硬件参数，432B(24×18B)。每个通道均包含声速、分频比、基线、增益、零偏(延时)、脉冲宽度、闸门起点、终点及高度 9 个参数，每个参数 2B，共18B。顺序上是从通道 1 的参数开始，依次排列至通道 24。

序号(14)至(16)：第一块板的检测年份、月份、日期，12B(3×4B)。

序号(17)：传输数据总数，4B。表示单个通道的检测点总数。

序号(18)至(29)：第一块板 8 个通道的 A 扫描波形数据及相关信息，4KB(8×512B)或 16KB(8×2KB)。其中，序号(18)为通道 1 的 A 扫描波形数据，492B 或 2028B(依据采样深度标识而定)；序号(19)为通道 1 的闸门内波峰位置，2B；序号(20)为通道 1 的闸门内波峰高度，1B；序号(21)至(24)为通道 1 的时间信息，5B，依次为 h(1B)、min(1B)、s(1B)、ms(2B)；序号(25)至(27)为编码器信息，12B(3×4B)，依次是编码器 1、编码器 2、编码器 3，每个编码器 4B。之后依次为通道 2 至通道 8 的 A 扫描波形数据及相关信息。

序号(30)：当前数据编号，4B。

序号(31)和(32)：第二块板、第三块板各 8 个通道的 A 扫描波形数据及相关信息，2×(4K+20)B 或 2×(16K+20)B。依次为第二块板的检测年份、月份、日期、传输数据总数，通道 9 至通道 16 的 A 扫描波形数据、闸门内波峰位置、闸门内波峰高度、时间信息、编码器信息，第二块板上的当前数据编号；第三块板的检测年份、月份、日期、传输数据总数，通道 17 至通道 24 的 A 扫描波形数据、闸门内波峰位置、闸门内波峰高度、时间信息、编码器信息，第三块板上的当前数据编号。

8.2.1　打开文件模块

打开文件模块利用 Windows 提供的 API 接口，通过单击子菜单"文件"下的菜单项的"打开"来打开一个已存数据文件＊.data。该模块调用 CDoc 类中的 OnOpenDocument 函数及 CFile 类的 Open 函数来实现(表 8.2)。

表 8.2　打开文件模块

```
Input variables：opened file name lpszPathName.

BOOL CUltra20100626NewDoc：：OnOpenDocument(LPCTSTR lpszPathName)
{
if(! CDocument：：OnOpenDocument(lpszPathName))
    return FALSE；
…
if(strFile. Find(". data")! =-1)
```

续表

Input variables：opened file name lpszPathName.

```
{
    OpenFlag=1;
    m_ FileOpen. Open(lpszPathName, CFile::modeRead, &ex); //open the file
...
}
}
```

8.2.2　读取数据模块

读取数据模块用来实现﹡.data 文件打开后按存储地址对 A 扫描波形数据、采样深度、相关硬件参数、闸门、检测点数、时间、编码器等信息的读取。由于这些信息是按照设定的格式和大小存入﹡.data 文件的，所以可利用 CFile 类的 Seek、Read 函数来读取相应字节的数据。表 8.3 为读取 A 扫描波形数据的代码，m_OrigAWave 中存放当前通道所选检测点的 A 扫描波形数据。

表 8.3　读取 A 扫描波形数据

Input variables：selected channel number ChanNum, A-scan and correlative information size WAVEDATA, selected inspection dot number SamDotNum, total data size of three boards DATABUFFER, sampling depth of A-scan data SAMDEPTH.
Input constants：A-wave original address of channel 1 WDADDR.

```
if(ChanNum<8)// channel 1~ channel 8
{
file->Seek(5+WDADDR+ChanNum * WAVEDATA+SamDotNum * DATABUFFER, CFile::begin);
}
else if(ChanNum>15)// channel 17~ channel 24
{
file->Seek(5+WDADDR+(ChanNum * WAVEDATA+20 * 2)+SamDotNum * DATABUFFER, CFile::begin);
}
else    // channel 9~ channel 16
{
file->Seek(5+WDADDR+(ChanNum * WAVEDATA+20)+SamDotNum * DATABUFFER, CFile::begin);
}
file->Read(m_ OrigAWave, SAMDEPTH); //Read A-scan data
```

8.2.3　厚度范围设置模块

进行管道腐蚀超声波内检测时，被测管道的正常壁厚是已知的，不可能无限大；同时，管道经腐蚀后剩余壁厚不可能无限小，假设一个值为可以承受的壁厚极小值，小于该值则认为发生了腐蚀泄漏。可见，管壁厚度是有上限和下限的。厚度范围设置模块用来在数据处理前设置壁厚范围，从而设置了程序中壁厚频率对应的范围，可令 B 扫描壁厚转换算法的精确度更高，大大降低误判率。

8.2.4　数据转换模块

数据转换模块是本软件开发的核心内容，用于将超声检测 A 扫描波形数据转换为 B 扫描壁厚数据，主要步骤包括：A 扫描波形数据还原、噪声处理、频谱及壁厚数据的形成等(图 8.3)。

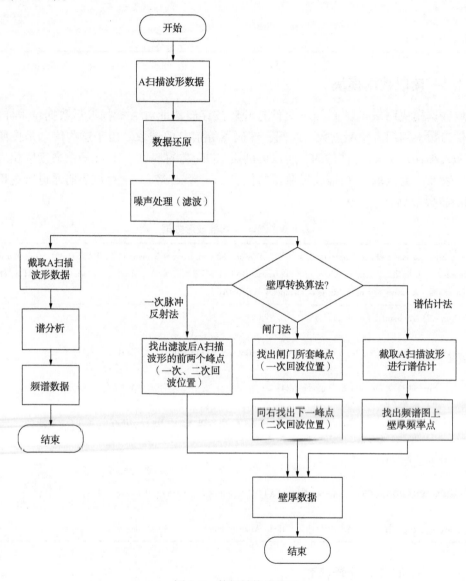

图 8.3　数据转换流程图

8.2.4.1　A 扫描波形数据还原

由于管道在线检测时采集的 A 扫描波形数据首先进行了实时压缩，然后再存入 Flash，所以离线读取的 A 扫描波形数据进行分析前要先解压缩，最大限度地还原原始 A 扫描波形数据 m_AWave(表 8.4)。

表 8.4　A 扫描波形数据还原

Input variables：selected channel number ChanNum.
file->Seek(5+6+ChanNum * 18, CFile：：begin)； file->Read(pbuf, 2)； m_ gain = 60-(pbuf[1] * 256+pbuf[0])/10；//gain * m_ AWave = AWaveRedu(* m_ OrigAWave, m_ gain)；// data reduction

　　此处通过调用 AWaveRedu 函数来实现 A 扫描波形数据的还原，AWaveRedu 函数中设置了数据的还原规则。

8.2.4.2　噪声处理

　　超声检测的回波信号中含有大量有关缺陷性质的信息，但同时也掺杂着各种干扰噪声，这些干扰噪声会给信号的后续处理带来困难。根据第 5 章中分析的 A 扫描波形数据的形成原理可知，一次、二次界面波间的各个峰值信息对 B 扫描壁厚数据的形成非常重要，所以选择中值滤波器对还原后的 A 扫描波形数据进行平滑处理，目的是得到清晰的峰值点，方便程序自动搜索，完成壁厚回波的截取。

　　中值滤波器设计为 5 阶。由于中值滤波的基本思想是将当前点邻域内的各点数值按大小进行排序，取中间值作为当前点的数值，因此首先要为解压后的 A 扫描波形数据前后各添加两个 0，以满足中值滤波器的实现条件，具体步骤见表 8.5。

表 8.5　噪声处理

Input variables：order of median filter size, A-scan data before filtering origdata.

float CUltra20100626NewDoc：：GetMidValue(float * origdata, int size)
{
　　int i, j；
　　float s；
　　for(i=0; i <(size-1)/2+1; i++)
　　{
　　　　for(j=i+1; j < size; j++)
　　　　{
　　　　　　if(origdata[j]>origdata[i])
　　　　　　{
　　　　　　　　s=origdata[j]；
　　　　　　　　origdata[j] = origdata[i]；
　　　　　　　　origdata[i] =s；
　　　　　　}
　　　　}
　　}
　　return origdata[(size-1)/2]；// median point
}

8.2.4.3　频谱数据的形成

　　A 扫描波形数据经滤波后，可得到清晰的多次壁厚回波峰值点，按这些峰值点对 A 扫描波形数据进行截取，再进行谱分析，即可得到 A 扫描波形频谱数据，核心算法见表8.6。

表8.6 核心算法

Input variables：points of participating in FFT expressed as a power of 2 N, points of participating in FFT m_ AWJqNum, real part after code bit inversion m_ InverXr, imaginary part after code bit inversion m_ InverXi.

Output variables：real part after butterfly operation m_ Xr, imaginary part after butterfly operation m_ Xi.

```
for(i=0; i<N; i++)
{
  for(j=0; j< AWJqNum/pow(2, i+1); j++)
  {
    for(k=0; k<pow(2, i); k++)//butterfly algorithm
    {
      m_ Xr[int(pow(2, i+1) * j+k)] =
m_ InverXr[int(pow(2, i+1) * j+k)]+m_ InverXr[int(pow(2, i+1) * j+pow(2, i) +k)] * cc[int(m_ AWJqNum *
k/pow(2, i+1))]-m_ InverXi[int(pow(2, i+1) * j+pow(2, i) +k)] * ss[int(m_ AWJqNum * k/pow(2, i+1))];
            m_ Xi[int(pow(2, i+1) * j+k)] =
m_ InverXi[int(pow(2, i+1) * j+k)]+m_ InverXr[int(pow(2, i+1) * j+pow(2, i) +k)] * ss[int(m_ AWJqNum * k/
pow(2, i+1))]+m_ InverXi[int(pow(2, i+1) * j+pow(2, i) +k)] * cc[int(m_ AWJqNum * k/pow(2, i+1))];
            m_ Xr[int(pow(2, i+1) * j+pow(2, i) +k)] =
m_ InverXr[int(pow(2, i+1) * j+k)]-m_ InverXr[int(pow(2, i+1) * j+pow(2, i) +k)] * cc[int(m_ AWJqNum *
k/pow(2, i+1))]+m_ InverXi[int(pow(2, i+1) * j+pow(2, i) +k)] * ss[int(m_ AWJqNum * k/pow(2, i+1))];
            m_ Xi[int(pow(2, i+1) * j+pow(2, i) +k)] =
m_ InverXi[int(pow(2, i+1) * j+k)]-m_ InverXr[int(pow(2, i+1) * j+pow(2, i) +k)] * ss[int(m_ AWJqNum * k/
pow(2, i+1))]-m_ InverXi[int(pow(2, i+1) * j+pow(2, i) +k)] * cc[int(m_ AWJqNum * k/pow(2, i+1))];
    }
  }
}
```

8.2.4.4 壁厚数据的形成

壁厚数据的精确形成是管道检测的核心问题，也是难点问题。只有得到最接近管道真实状况的数据，才能实现对缺陷的定性定量分析，从而确切掌握管道的实际运行情况。

壁厚数据的形成算法主要分两大类：传统算法和基于数字信号处理的算法。

（1）传统算法。

① 一次脉冲反射法。

一次脉冲反射法的基本原理是无论 A 扫描图中存在多少回波，都只用前两个回波来计算管壁剩余厚度，其余回波不予考虑。实现代码见表8.7。其中，FindMax 函数用来寻找滤波后的 A 扫描数据中的各个峰值点，m_ max1、m_ max2 分别是找到的第一个和第二个峰值点。

表8.7 一次脉冲反射法

Input variables：ultrasonic velocity in pipe wall m_ v_ gb, sampling frequency fs.

```
FindMax(m_ FirAWave);
m_ B_ HouDu_ WaveCH[chan][ulLoc]=m_ v_ gb * (m_ max2-m_ max1) * 1000/fs; // Wall thickness
```

② 闸门法。

闸门法是传统探伤仪中广泛采用的一种数据转换方法，主要原理是采用一定宽度的闸门来套伤波的方法达到检测目的。具体做法是在闸门起点与终点之间寻找峰值点，并以此作为管壁一次回波的位置，再依据此位置向后找出下一峰值点作为二次回波的位置，从而来确定管壁壁厚，实现代码见表 8.8。

表 8.8 闸门法

Input variables：ultrasonic velocity in pipe wall m_ v_ gb, sampling frequency fs.

file->Read(chbuf, 2); //peak position inside the gate
m_ B_ HouDu_ WaveCH[chan][ulLoc]=m_ v_ gb * GetNextPeak(chbuf[0]) * 1000/fs;

其中，chbuf 中存放闸门内波峰的位置，调用 GetNextPeak 函数寻找闸门所套波峰之后的下一个峰值点位置。

（2）基于数字信号处理的算法。

虽然数字信号处理的方法很多，前人也做了很多尝试，希望将其用于管道超声检测信号的处理，但效果并不理想。基于此，本书在第 6 章提出了二次 $1\frac{1}{2}$ 维谱估计的改进算法，此处编写了相应的软件代码（表 8.9）。

表 8.9 二次 $1\frac{1}{2}$ 维谱估计改进算法的步骤

Input variables：A-scan data after filtering m_ FirAWave, A-scan data after being intercepted m_ AWaveJq, ultrasonic velocity in pipe wall m_ v_ gb, sampling frequency fs.

FindMax(m_ FirAWave);
 	
m_ max31=m_ max3 − m_ max1; // points of participating in primary $1\frac{1}{2}$-D spectrum estimation
 	
//------------------- primary $1\frac{1}{2}$-D spectrum estimation ------------------------//
m_ ThirdCS1=third_ slice_ cumulant(m_ AWaveJq); // third-order cumulant slice
FFTmethod(m_ max31, m_ ThirdCS1, m_ max1, fs); // FFT of slice
f1=new float[m_ max31/2]; // frequency
fd1=new float[m_ max31/2]; // amplitude
for(i=0; i<m_ AWJqNum/2; i++)
{
  f1[i]=cc[i];
  fd1[i]=ss[i];
}
 	
//------------------- intercept primary $1\frac{1}{2}$-D spectrum estimation ------------------------//
int num_ 1, num_ 2d;
float fe, erode_ min=0.5;
fe=m_ v_ gb * 1000/erode_ min;

Input variables：A-scan data after filtering m_ FirAWave，A-scan data after being intercepted m_ AWaveJq，ultrasonic velocity in pipe wall m_ v_ gb，sampling frequency fs.

num_ 1＝m_ max31 * fe/fs；// data points of maintaining original value after being intercepted

for(i＝num_ 1；i< m_ max31/2；i++)

\{

  fd1[i]＝0；

\}

//------------------ secondary$1\frac{1}{2}$-D spectrum estimation ----------------------//

num_ 2d＝m_ max31/2；// points of participating in secondary $1\frac{1}{2}$-D spectrum estimation

m_ ThirdCS2＝third_ slice_ cumulant(fd1)；// third-order cumulant slice

FFTmethod(num_ 2d, m_ ThirdCS2, 0, m_ max31/fs)；//FFT of slice

…… // Looking for maximum in secondary $1\frac{1}{2}$-D spectrum figure

m_ B_ HouDu_ WaveCH[chan][ulLoc]＝m_ v_ gb * x1_ max * 1000/fs；

其中，x1_ max 为二次 $1\frac{1}{2}$ 维谱中最大值对应的横坐标点数；chan 为当前所选通道号；ulLoc 为当前所选检测点序号。软件中采用的这 3 种算法通过 Switch…Case 语句进行切换，方便随时添加新的壁厚转换算法。

8.2.5　图形绘制模块

图形绘制模块包括 4 个子模块：背景绘制子模块、A 扫描波形绘制子模块、B 扫描波形绘制子模块和 C 扫描图像绘制子模块。主要完成任一通道任一检测点的 A 扫描波形及滤波后波形、闸门、谱线、24 通道的 B 扫描波形、24 个探头所覆盖管壁区域的 C 扫描图像及所用颜色条、各子窗口背景虚线的绘制。

此模块通过调用自编函数 DrawBG、DrawASW、DrawBSW、DrawCSI 在 CView 类的 On-Draw 函数中实现。

具体步骤：首先调用 CWnd 类的成员函数 GetDlgItem 来获得指向子窗口的指针，然后调用 GetClientRect 函数获得指定窗口的客户区域大小，接着调用 CWindowDC 类的 GetWindowDC 函数获得相应的设备描述表对象，再调用 SelectObject 函数将所用画笔选入设备描述表。这些准备工作完成后就可以调用 CDC 类的 MoveTo、LineTo 函数来画图了。

（1）背景绘制子模块。

通过调用 CView 类的自编函数 DrawBG 来实现各子窗口背景虚线及 C 扫描所用颜色条（采用不同颜色代表管道壁厚信息，方便使用者对照观察 C 扫描图像各颜色区代表的壁厚，掌握腐蚀情况）的绘制，主要代码见表 8.10。

表 8.10 背景虚线绘制

Input variables：client area rectangle rect.

`for(i=rect. left；i<rect. right；i+=30)//drawing       ¦       ¦       ¦`
 `    {`
 `      if(i<rect. left+10)`
 `        continue；`
 `      pDC->MoveTo(i, rect. top)；`
 `      pDC->LineTo(i, rect. bottom)；`
 `    }`
 `    for(i=rect. bottom；i>rect. top；i-=20)//drawing ------------------`
 `    {`
 `      if(i>rect. bottom-10)`
 `        continue；`
 `      pDC->MoveTo(rect. left, i)；`
 `      pDC->LineTo(rect. right, i)；`
 `    }`

（2）A 扫描波形绘制子模块。

通过调用 CView 类的自编函数 DrawASW 来实现解压缩后的 A 扫描波形、滤波波形、FFT 谱线及闸门的绘制。

在准备工作(同前)完成后，调用 CView 类的 GetDocument 函数获取指向与本窗口关联的 CDocument 类对象的指针 pDoc，从而获取其成员变量 m_AWave 中的 A 扫描波形数据、m_FirAWave 中的滤波后 A 扫描波形数据、m_intCanShu7 至 m_intCanShu9 中的闸门数据、m_psd 中的频谱数据及 m_AWJqNum 中的参与谱分析的数据点数。最后运用 CRect 类、CPoint 类及 CDC 类的 MoveTo、LineTo 函数完成相应图形的绘制。

（3）B 扫描波形绘制子模块。

通过调用 CView 类的自编函数 DrawBSW 来实现通道 1 至通道 24 的 B 扫描波形的绘制。

在准备工作(同前)完成后，调用 CView 类的 GetDocument 函数获取指向与本窗口关联的 CDocument 类对象的指针 pDoc，从而获取其成员变量 m_B_HouDu_WaveCH 中的管壁厚度数据，再调用 CRect 类、CPoint 类及 CDC 类的 MoveTo、LineTo 函数完成 B 扫描波形的绘制。

（4）C 扫描图像绘制子模块。

通过调用 CView 类的自编函数 DrawCSI 来实现 24 通道所覆盖管壁区域的 C 扫描图像的绘制。

在准备工作(同前)完成后，调用 CView 类的 GetDocument 函数获取指向与本窗口关联的 CDocument 类对象的指针 pDoc，从而获取其成员变量 m_B_HouDu_WaveCH 中的管壁厚度数据；将所有通道所有检测点的壁厚值一一取出，到颜色条中寻找匹配的厚度区间，并用该区间的颜色表示对应的壁厚值；最后调用 CDC 类的 Rectangle 函数将每个检测点绘制成很小的矩形，并调用 CBrush 类为矩形内部填充该检测点壁厚值对应的颜色；24 通道所有检测点对应的壁厚值按探头阵列形式及检测系统行走路线一一用颜色矩形表示，形成一幅伪彩色 C 扫描图像。

8.2.6 扫描控制模块

该模块主要实现通道号、检测点序号、壁厚转换算法的选择。

（1）通道号的选择。

通道1至通道24对应于管道腐蚀超声波内检测实验系统上安装的24个超声探头，按照阵列方式排序，第3章已有介绍。

（2）检测点序号的选择。

检测点序号指超声内检测实验系统在管道中行进时所检测的壁厚位置序号。总的检测点数与激励脉冲重复频率、超声内检测实验系统的行走速度及距离有关。

（3）壁厚转换算法的选择。

软件中预置三种算法：一次脉冲反射法、闸门法和谱估计法。根据此处算法的选择，程序可将还原后的A扫描波形数据转换为B扫描波形数据、C扫描波形数据。

此模块的标签采用静态文本控件实现；通道号与壁厚转换算法的选择采用CComboBox类的组合框控件实现，利用该类的成员函数AddString向其列表框中添加"通道1"至"通道24"及"一次脉冲反射法""闸门法"和"谱估计法"字符串，并在关联函数OnChannelChange和OnMethodChange中实现相应功能；通过调用DoDataExchange函数内部的DDX_Control函数来实现检测点序号的选择，并通过响应Dlg类的水平滚动消息WM_HSCROLL来实现对滑块控件滚动事件的响应。

8.2.7 参数显示模块

该模块主要实现声速、基线、增益、零偏（延时）、分频比、脉冲宽度、闸门起点、闸门终点、闸门高度等相关硬件参数的显示。当所选通道号改变时，这些参数会有部分发生变化。另外，通过一次界面波峰值点的位置及超声波在水中的传播速度，可计算出水程，并在该模块中显示。

此模块的标签采用静态文本控件实现；通过程序框架调用DoDataExchange函数内部的10个DDX_Text函数将ID指定的10个编辑框控件分别与对话框类的10个成员变量m_intCanShu1、m_intCanShu2、…、m_intCanShu9、m_water相关联，并调用CWnd类的成员函数UpdateData实现变量的显示。

8.2.8 图形重绘模块

该模块实现的功能如下：程序运行时，如果扫描控制的通道号或检测点序号发生变化，"A扫描"和"频谱图"两个子窗口的图形会发生重绘；如果壁厚转换算法发生变化，"B扫描"和"C扫描"两个子窗口的图形会发生重绘。

例如，"通道号"的选择发生变化引起图形重绘时，首先会调用CPen类的擦除笔（颜色与背景色相同）擦除各子窗口中现有图形，然后获取当前通道号及相关硬件信息，重绘各子窗口背景虚线及解压缩后的A扫描波形、滤波波形、闸门、谱线，并在参数显示子模块重新显示相关硬件参数。相应的软件设计流程如图8.4所示。

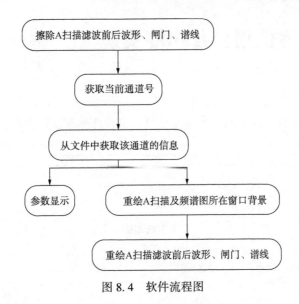

图 8.4 软件流程图

表 8.11 中显示了"通道号"的选择发生变化时程序调用 CView 类的 OnChannelChange 函数进行相关子窗口的图形重绘步骤。

表 8.11 通道号变化引起的图形重绘

Input variables：pen of erasing current graphics EraserPen，pen of drawing A-scan waveform BottomPen，pen of drawing gate ZhaMenPen，pen of drawing filtered A-wave FilterPen，pen of drawing spectrum PinPuPen.
CUltra20100626NewDoc * pDoc = GetDocument( ); DrawASW(&EraserPen，&EraserPen，&EraserPen，&EraserPen)；//erase existing graphics in two child windows of "A-scan" and "spectrum" g_intChannel = m_cmbChannel. GetCurSel( )；//get current channel number ……　//get related hardware parameters of current channel ComboSelchangeRedraw(0)；//redraw the background in two child windows of "A-scan" and "spectrum" DrawASW(&BottomPen，&ZhaMenPen，&FilterPen，&PinPuPen)；//draw new A-scan, gate, spectrum et al.

8.2.9 定位模块

由于实验阶段采用电机驱动检测系统匀速行进，所以定位模块中检测点对应的位置信息是根据"检测点数×(检测系统行进速度/脉冲重复频率)"计算得到的。

程序通过调用 CView 类的自编函数 DrawKedu 来实现标尺刻度及位置信息的显示。在准备工作(同前)完成后，调用 CView 类的 GetDocument 函数获取指向与本窗口关联的 CDocument 类对象的指针 pDoc，从而获取其成员变量 m_ulTotalLength 中的检测点数，再调用 CRect 类、CPoint 类及 CDC 类的 MoveTo、LineTo 函数实现每 10 个检测点画一条刻度线的功能；调用 DoDataExchange 函数内部的 7 个 DDX_Text 函数将 ID 指定的 7 个编辑框控件分别与对话框类的 7 个成员变量 m_fweizhi1、m_fweizhi2、…、m_fweizhi7 相关联，并调用 CWnd 类的成员函数 UpdateData 实现位置信息的显示。

8.3　软件界面设计及功能实现

8.3.1　界面设计

考虑到人们自左而右、自上而下的阅读习惯，将软件界面设计为左、右两部分(图8.5)。

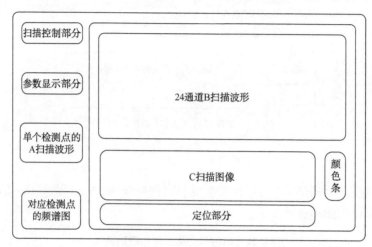

图 8.5　软件界面分块设计图

(1) 左部分。

左部分所占区域较小，约占整个界面的1/5。其中最上面的位置设计为扫描控制部分，使用者可以在这里选择第几通道的第几个检测点及要用的壁厚转换算法；向下为参数显示部分，可以同时显示9个与所选通道相关的硬件参数及水程；中间位置设计为已选通道已选检测点的A扫描波形及滤波波形显示区；最下面的位置设计为对应A扫描波形的频谱线显示区。

(2) 右部分。

右部分所占区域较大，约占整个界面的4/5。其中上2/3位置设计为24通道B扫描壁厚数据波形显示区，下1/3位置设计为C扫描图像、颜色条及位置信息显示区。这部分能够完整地显示出管道腐蚀情况，是使用者最关心的区域，因此占用主界面位置最多。

8.3.2　功能实现

软件界面要求直观显示数据处理的结果，全面呈现管体缺陷的分布情况。软件运行后的初始界面如图8.6所示。

8.3.2.1　打开文件模块功能实现

初始界面显示后，第一步工作是打开待分析的文件。单击子菜单"文件"下的菜单项"打开"，会弹出一个模态对话框(图8.7)。选择 sc23(120).data 文件，单击"打开"按钮，可打开一个已保存的超声检测数据文件。

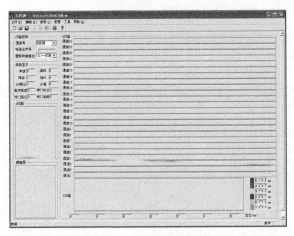

图 8.6　软件初始界面

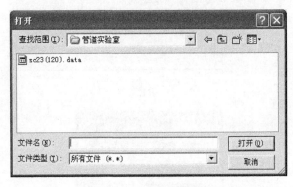

图 8.7　打开文件对话框

8.3.2.2　读取数据模块功能实现

打开的 sc23(120).data 文件内容如图 8.8 所示，地址区间：00000000h 至 00f76570h，每行 16 字节，共 16213361 字节（界面右下角显示）。读取数据需遵循超声检测数据的保存格式（表 8.1）。例如，要读取通道 1 的声速，则移动指针到第 6 字节（地址 00000005h）处，读入 2 个字节的内容 CE 13，则声速为 $(1×16+3)×256+12×16+14+1000=6070$。其他数据的读取方式相同。

图 8.8　sc23(120).data 文件

8.3.2.3 厚度范围设置模块功能实现

打开"配置"子菜单下的"厚度范围设置"菜单项[图8.9(a)]，会弹出一个"厚度范围设置"对话框[图8.9(b)]。

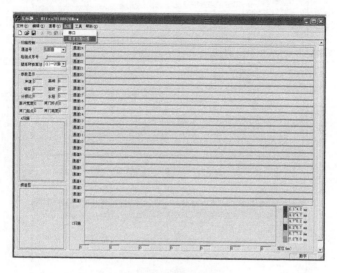

(a) 设置菜单

(b) 设置对话框

图8.9 厚度范围设置

进入"厚度范围设置"对话框后，使用者可根据所测管壁厚度的上限和下限（上限为正常壁厚，下限为可承受的最薄壁厚）在编辑框中输入最小厚度值及最大厚度值，单击"保存设置"按钮。设置好后，程序采用谱估计法对A扫描波形数据进行转换时会依据此处的设置，限定壁厚频率范围，提高转换算法的精度。

8.3.2.4 数据转换及图形绘制模块功能实现

软件中对数据转换模块没有设置界面按钮或数字输出显示，而是将转换结果以图形的方式直观地显示出来。

（1）A扫描波形数据还原及滤波波形、闸门的显示。

当读取数据模块将A扫描波形原始数据读入内存缓冲区后，数据转换模块会对其进行数据还原（解压缩）、噪声处理（滤波），最后将波形输出至"A扫描"子窗口显示（图8.10）。

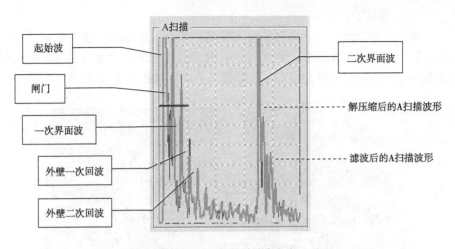

图 8.10　A 扫描波形与闸门

由于中值滤波的阶数选择不高，数据失真程度低，所以滤波前后波形有很高的重合度。

滤波后的 A 扫描波形上第一个峰值表示起始波；第二个峰值表示超声波打到管道内壁上反射回超声探头的一次界面波；第三个峰值表示超声波经管道内壁透射，打到管道外壁上反射回超声探头的一次回波；第四个峰值表示管道外壁的二次回波。当波形逐渐衰减至幅值很低时，突然出现幅值增大的是二次界面波。

另外，读取数据模块会将闸门起点和终点信息读入内存缓冲区，然后在"A 扫描"子窗口中显示。

（2）频谱图显示。

A 扫描数据滤波后，数据转换模块会对其进行截取，提取出滤波后 A 扫描波形上第一与第三峰值点间的数据，进行谱分析，结果输出至"频谱图"子窗口显示，就得到 A 扫描频谱图（图 8.11）。

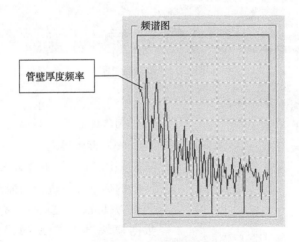

图 8.11　A 扫描频谱图

图 8.11 中标出了除直流分量外的第一个峰值点位置，即为管壁厚度频率的位置。

（3）B扫描波形显示。

谱分析完成后，数据转换模块会自动搜寻壁厚频率点，根据超声波在被测管壁中的传播速度（由数据文件获取），算出检测点的厚度。将每个通道的所有检测点的厚度值用线段依次连接，结果输出至"B扫描"子窗口显示，就得到通道1至通道24的B扫描波形（图8.12）。

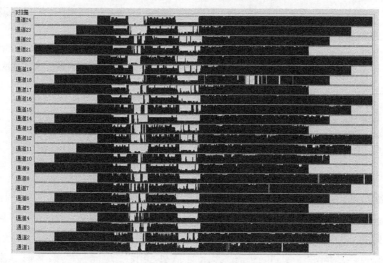

图8.12　B扫描波形

（4）C扫描图像显示。

数据转换模块计算出各检测点的厚度值后，C扫描图像绘制子模块会根据颜色条的厚度区间分配，将这些厚度值绘制成前后相连的小矩形块，矩形块的内部用该点厚度值对应的颜色来填充，结果输出至"C扫描"子窗口显示，就得到通道1至通道24的C扫描图像（图8.13）。

图8.13　C扫描图像

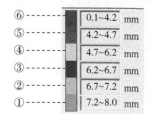

图8.14　C扫描用颜色条

①—正常壁厚7.2~8.0mm；　②—壁厚减薄至6.7~7.2mm；
③—壁厚减薄至6.2~6.7mm；　④—壁厚减薄至4.7~6.2mm；
⑤—壁厚减薄至4.2~4.7mm；　⑥—最薄壁厚0.1~4.2mm

（5）颜色条显示。

颜色条位于"C扫描"子窗口右侧（图8.14）。

（6）整体界面。

采用24个探头阵列方式对第6章图6.14所示的标准样管进行扫描检测，检测系统行走速度为7mm/s，脉冲重复频率为25Hz。读取数据模块读入的A扫描波形数据包含24×1313=31512个检测点的信息。其中，24为通道数，1313为单个通道的检测点数。软件整体界面如图8.15所示。

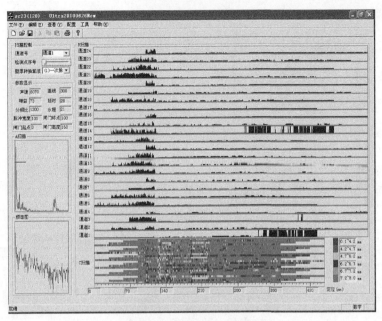

图 8.15 软件整体界面

图中包含通道 1 的硬件参数及水程、第 1 个检测点的 A 扫描波形(还原及滤波)、闸门、谱线、选择一次脉冲反射法为壁厚转换算法得到的 B 扫描波形及 C 扫描图像、颜色条、位置信息的整体界面。

8.3.2.5 扫描控制模块功能实现

"扫描控制"子窗口如图 8.16 所示,主要包括"通道号""检测点序号""壁厚转换算法"的选择。

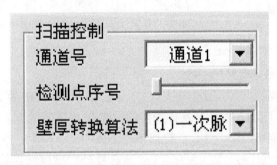

图 8.16 扫描控制界面

(1)单击"通道号"对应的组合框右侧下拉箭头,可以选择要显示第几个通道的 A 扫描波形及频谱[图 8.17(a)]。

(2)拖动"检测点序号"对应的 Slider 控件上的滑块,可以选择要显示第几个检测点的 A 扫描波形及频谱[图 8.17(b)]。

(3)单击"壁厚转换算法"对应的组合框右侧下拉箭头,可以选择将 A 扫描波形数据转换为 B 扫描壁厚数据采用的转换算法[图 8.17(c)]。

（a）"通道号"选择

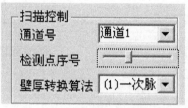

（b）"检测点序号"选择

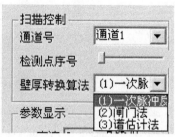

（c）"壁厚转换算法"选择

图8.17　扫描控制具体操作

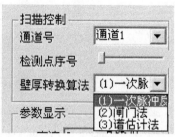

图8.18　参数显示

通过扫描控制部分的操作，使用者可以选择显示第几通道第几检测点的A扫描波形及对应的频谱，也可以选择将所有A扫描数据转换为B扫描数据的转换算法。

8.3.2.6　参数显示模块功能实现

当"通道号"发生改变时，该通道对应的硬件参数（声速、增益、分频比等）及水程会发生变化，结果输出至"参数显示"了窗口（图8.18）。

8.3.2.7　图形重绘模块功能实现

（1）"通道号""检测点序号"改变。

当"通道号"或"检测点序号"发生改变时，"A扫描"子窗口中的A扫描波形（含滤波前后）及闸门、"频谱图"子窗口中的谱线会先擦除，然后再重新绘制；而"B扫描"子窗口中的B扫描波形及"C扫描"子窗口中的C扫描图像不发生变化（图8.19）。

图8.19中，"检测点序号"发生变化，而"通道号"和"壁厚转换算法"不变（仍为一次脉冲反射法），对比图8.15可见，只有"A扫描"和"频谱图"子窗口中的图形发生了重绘。

（2）"壁厚转换算法"改变。

当"壁厚转换算法"发生改变时，"B扫描"子窗口中的B扫描波形及"C扫描"子窗口中的C扫描图像会先擦除，然后再重新绘制；而"A扫描"子窗口中的A扫描波形（含滤波前后）及闸门、"频谱图"子窗口中的谱线不会发生变化。

① 一次脉冲反射法。

若"壁厚转换算法"选择为一次脉冲反射法，前面已有表述，如图8.15和图8.19所示。

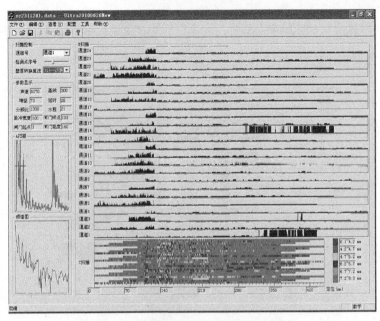

图 8.19 图形重绘("检测点序号"改变)

② 闸门法。

若"壁厚转换算法"选择为闸门法，软件界面如图 8.20 所示。其中，A 扫描波形上有一水平直线段，即为闸门。用这个闸门套住的峰值点作为管壁一次回波，下一个峰值点作为管壁二次回波，计算这两个回波间的时间间隔，得到壁厚。但是，正如图中所示，对于实际的管道内检测，闸门中出现的峰值有时不止一个，这会给检测结果带来较大的误差。

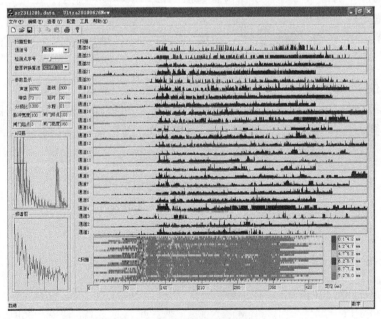

图 8.20 图形重绘(采用闸门法)

③ 谱估计法。

若"壁厚转换算法"选择为谱估计法，软件界面如图 8.21 所示。这里的谱估计法采用的是第 6 章提出的基于二次 $1\frac{1}{2}$ 维谱估计的改进算法。

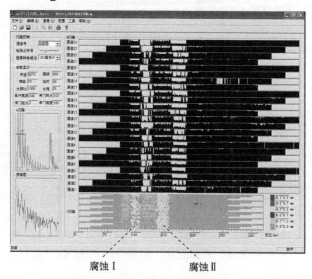

图 8.21　图形重绘(采用谱估计法)

图 8.21 中，从"C 扫描"子窗口可以清晰地看到两处贯通腐蚀，用"腐蚀 I"和"腐蚀 II"表示；通过颜色条的指示可知，这两处贯通腐蚀剩余厚度介于 4.7~6.2mm，与实际吻合，见图 6.14 所示标准样管(圆环 I 剩余厚度 5.9mm，内壁腐蚀；圆环 II 剩余厚度 6.1mm，外壁腐蚀)。同样，通过"B 扫描"子窗口管壁横断面剩余厚度的显示，也可以直观地看到这两处贯通腐蚀。

另外，"B 扫描"子窗口的波形和"C 扫描"子窗口的图像均按照探头实际阵列方式显示。

8.3.2.8　定位模块功能实现

定位模块位于"C 扫描"子窗口下方，每隔 25 个检测点绘制一条刻度线，每隔 10 条刻度线标记一次位置信息(图 8.22)，单位为 mm。这样就可以对应观察 C 扫描图中缺陷的大小及出现的位置。

图 8.22　位置信息显示

参 考 文 献

[1] De Raad J A. Comparison between ultrasonic and magnetic flux pigs for pipeline inspection：with exemples of ultrasonic pigs[J]. Pipes and pipelines international，1987，32(1)：7-15.

[2] 徐云. 管道腐蚀缺陷超声内检测信号处理研究[D]. 北京：北京化工大学，2010.

[3] Ivor Horton. Visual C++2012 入门经典[M]. 苏正泉，李文娟，译. 北京：清华大学出版社，2013.

[4] 刘锐宁，李伟明，梁水. Visual C++编程宝典[M]. 北京：人民邮电出版社，2011.